新型农民培训丛书

南方梨优质生产技术

农业部农民科技教育培训中心
中 央 农 业 广 播 电 视 学 校 组编

中国农业大学出版社

主编　邓建平

参编　蔡冬元

审稿　赵晨霞　雷世俊　肖君泽　陈肖安

新型农民培训丛书编委会

内容提要

本书内容包括梨种类的识别、梨园建立、梨树育苗技术、土肥和水管理技术、花果管理技术、梨树整形修剪技术、病害防治技术、果实采收技术等。

编写说明

随着社会主义新农村建设的推进和农业结构的调整，我国南方广大农村梨树栽培的比重不断增大，各种新的梨树品种不断出现，各地创出了不少“名优特新”的梨品种。种植梨树成为南方农民脱贫致富的有效途径。

科学栽培梨树，需要技术。为了解决梨树种植中的苗木繁育、果园建立、土肥和水管理、生长季树体管理和梨树病虫害等制约梨树生产发展诸多问题，结合农民科技培训的实际需求，我们组织专家编著了《南方梨优质生产技术》一书，作为新型农民培训丛书之一。

本书技术先进科学、简明实用，既可作为生产一线的生产人员的培训教材，也可作为从事梨树生产与梨树病虫害防治技术人员、管理人员及农业职业院校师生的学习参考用书。

由于编写任务紧、时间仓促，编著者水平所限，本书难免有不妥之处，敬请广大读者提出意见。

农业部农民科技教育培训中心

中央农业广播电视学校

2008年3月

目录

一、南方梨种类及优良品种 ………………………………（ 1 ）

（一）主要种类………………………………………………（ 2 ）

（二）优良品种………………………………………………（ 3 ）

二、梨园建立 ……………………………………………………（ 9 ）

（一）梨园规划………………………………………………（ 9 ）

（二）梨树定植技术……………………………………（ 13 ）

三、育苗技术 ……………………………………………………（ 18 ）

（一）砧木苗培育…………………………………………（ 18 ）

（二）嫁接……………………………………………………（ 23 ）

（三）嫁接后的管理……………………………………（ 29 ）

（四）高接换种技术……………………………………（ 30 ）

四、土肥和水管理技术 ……………………………………（ 35 ）

（一）土壤管理……………………………………………（ 35 ）

（二）施肥技术……………………………………………（ 41 ）

（三）灌溉技术……………………………………………（ 45 ）

五、花、果管理技术………………………………………（ 49 ）

（一）保花保果技术……………………………………（ 49 ）

（二）疏花疏果技术……………………………………（ 51 ）

（三）套袋技术……………………………………………（ 53 ）

六、整形修剪技术 …………………………………………（57）
（一）整形技术…………………………………………（57）
（二）修剪技术…………………………………………（63）
（三）衰老树的更新复壮……………………………………（66）
（四）梨树不同生长结果类型的修剪特点……………………（67）
七、病虫害防治技术 ……………………………………（69）
（一）病害防治技术……………………………………（69）
（二）虫害防治技术……………………………………（78）
八、果实采收 ……………………………………………（92）
（一）采收时期…………………………………………（92）
（二）采收方法…………………………………………（92）
附　梨树周年管理工作表…………………………………（94）
参考文献…………………………………………………（97）

一、南方梨种类及优良品种

梨是原产于我国的主要果品之一，栽培历史有2 500多年，我国梨的年产量居世界首位。梨树在我国南北各地都有栽培，在不同地域的生态条件下，形成了享誉国内外的名优品种，如河北的鸭梨、安徽的砀山酥梨、北京的京白梨、新疆库尔勒香梨、云南宝珠梨、四川苍溪雪梨等。

梨的果实含有多种营养物质。据测定，一般梨果实中含蛋白质0.1%，脂肪0.1%，碳水化合物12%，粗纤维17%，还有多种维生素和矿物质。梨除鲜食外，还可加工制成罐头、梨干、梨脯、梨膏、梨汁以及酿酒制醋。此外，梨还有润肺清心、化痰止咳，退热、解酒毒、疮毒等药效。

梨树产量高、寿命长，定植后2～3年即可结果，盛果期单株产量可达1 000千克，结果期一般可维持50～100年。梨树的适应性强，无论平地、山地或低洼地都能栽培，而且耐涝、抗寒、耐盐碱，寒带、温带、亚热带都能正常生长结果，是分布最广的一种果树。梨品种丰富，供应期长，早熟品种7月上市，晚熟品种在11月成熟，而且部分晚熟品种特别耐贮藏，这对于周年供应水果、调节果品市场起到了重要作用。

我国梨总产量虽然在世界梨生产中排名第一，但在国内仅占全国水果总产量的13%左右，而且分布极不均匀。据统计，河北、

山东、辽宁梨总产量约占全国梨总产量的56%，而南方13个省(自治区)梨总产仅占全国梨总产量的22%左右，品种布局也很不合理，早熟梨比例偏少。据1997年不完全统计，我国南方早熟梨总面积6.8万公顷，占全国梨总面积的7.36%；总产量28.6万吨，占全国梨总产量的4.46%。可见，在南方发展梨树生产，特别是发展早熟优质梨势在必行。在南方发展梨树生产有以下优势：

首先，具有气候优势。南方纬度低，气候温暖，雨量充沛，物候期比北方早。同一品种的成熟期武汉比辽宁早20～30天。北方梨一般9月中旬成熟，这时天气已经转凉，它不能满足人们7～8月份防暑降温的需要。因此，在南方发展梨有很大的优势。

其次，具有地理优势。就市场需求而言，广东、广西、福建等省(自治区)及东南亚各国对早熟梨的需求量大。南方各省(自治区)不仅离市场近，而且交通方便，可减少运费和运输中的损失。

最后，具有品种优势。市场需要早熟优质梨。目前，市场非常缺乏6～8月份成熟的梨，因此，增大早熟优质梨的比例十分必要。北方梨大批量上市多在9月上旬开始，因此，南方也应考虑发展一些9月份以前成熟的梨良种。在6～8月份分期上市多个优良梨品种，以填补市场空白。

我国南方的一些地区，特别是长江、汉水流域是苹果生产的南缘，柑橘生产的北缘。用同样的投入，生产出的苹果不如辽宁、山东；生产出的柑橘不如广东、福建。但是在这一带，耐高温和高湿的砂梨表现出它适应性强、投入少、效益高的特点。2008年初的冰雪大冻使湖南、湖北等地的柑橘受冻面积超过80%，因此我们可以充分利用这一机会来发展梨树生产。

(一)主要种类

梨是蔷薇科梨属植物。全世界有30余种，原产于我国的有秋子梨、白梨、砂梨、滇梨、杜梨、川梨、褐梨和豆梨等十余种。目前在生产上作为主要经济栽培的有秋子梨、白梨、砂梨和西洋梨。

1. 秋子梨

原产我国东北地区和朝鲜北部。目前主要在东北栽培，西北、华北也有少量栽培。优良品种有京白梨、小香水梨、南果梨等。

2. 白梨

原产黄河流域，目前主要分布在华北地区，其次是西北地区及辽宁等地。主要优良品种有鸭梨、香梨、慈梨、雪花梨等。

3. 砂梨

原产我国南部。目前主要分布在长江流域以南及淮河流域一带。各省栽培的品种大多属于此系统。主要优良品种有砀山酥梨、宝珠梨、苍溪梨、黄花、丰水、金水二号等。

4. 西洋梨

主要分布在欧洲、中亚和西亚，我国西北有千年以上的栽培历史。主要优良品种有巴梨、伏茄梨、来康梨等。

(二)优良品种

1. 喜水

日本品种，由明月×丰水育成。果实扁圆形，平均果重 330 克，最大果重 524 克以上，是目前国内极早熟梨中果形最大的品种。果皮赤褐色，不套袋亦无果锈，套袋后褐黄色，极美观。果肉黄白色，质地极细，几乎无石细胞，酥脆化渣，果汁极多，果心极小，

香气极浓，可溶性固形物含量13.1%，品质极上。丰产、稳产，湖南地区6月中下旬成熟，对黑星病、黑斑病、轮纹病和黄叶病表现高抗，耐粗放管理。

2.早生喜水

该品种比喜水梨早熟10天，属极早熟品种。平均单果重360克，最大果重1 550克。果面浅橙黄色，光滑无果锈，果实扁圆端正，无花萼，特别美观，果肉黄白色，酥脆化渣，可溶性固形物含量12.6%～13.5%，品质极上。

3.爱甘水

果实圆形或扁圆形，平均单果重250克，最大果重608克。果皮褐色，无果锈，套袋后黄色，果面光洁，果点小而密，外观极美。果肉乳白色，肉质极细，几乎无石细胞，汁液特多，品质极上，可溶性固形物含量14%。高抗黑星病和黑斑病，早熟，在南京地区7月下旬成熟，在湖南地区7月上旬成熟。

4.黄金梨

该品种生长势强，树姿较开张。一年生枝绿褐色，叶片大而厚，卵圆形或长圆形。叶缘锯齿锐而密，嫩梢叶片黄绿色。果实近圆形，果形端正，果肩平，平均单果重350克，最大达800克。不套袋果皮黄绿色，贮后变为金黄色，故名"黄金梨"；果实套袋后，果皮极洁净，金黄色，呈透明状，外观极其漂亮。果肉乳白色，果核小，可食率95%以上；肉质细嫩，果汁丰沛，石细胞极少。味纯甜而具香气，可溶性固形物含量15.8%，品质极优。在南方地区一般在8月下旬成熟。不耐干旱，栽时需配置授粉树。

5.翠冠

树势强健,树枝较直立。叶片呈长椭圆形。果实近圆形,果点中大,平均单果重230克。果皮黄绿色,有少量锈斑,果肉白色,肉质细嫩松脆,汁多味甜,可溶性固形物含量12.5%左右,果心较小,品质上等。结果早,丰产性好,成熟期早,抗高温能力强。

6.翠伏

又称金水二号。叶片广卵形。果实近圆形,平均单果重220克。果皮黄绿色,有光泽,果肉浅黄白色,肉质细嫩而脆,汁液特别多,可溶性固形物含量12%左右,果心较小,味甜微香,品质上等。早果性与丰产性好,早熟,抗黑星病和黑斑病,耐旱力较强。授粉品种可选择二官白、苍溪雪梨等。

7.清香

树姿较开张,叶片长椭圆形。果实长圆形,平均单果重280克。果皮褐色,较光滑,果点稀疏,果肉白色,肉质较紧密,汁多味甜,可溶性固形物含量11%～12%,果心小,品质上等。早果性能好,丰产。成熟期在8月中旬。

8.西子绿

树势中等,枝条较开张。果实近圆球形,单果重200～300克。果皮黄绿色,皮较薄,果点小而少,果面光洁,外观很美。果肉白色,肉质细嫩松脆,汁多味甜,可溶性固形物含量12%,品质优。该品种是目前南方推广的优良早熟品种。授粉品种可选择菊水、幸水、翠云等。

9.新杭

树势中等,树姿开张。果实圆球形,单果重200～300克。果皮黄绿色,果点小,果面较光滑,外观美。果肉黄白色,肉质细微松脆,汁多味甜,微有香气,可溶性固形物含量11.5%,品质上等。抗性强,丰产,是优良的早熟品种。授粉品种可选用黄花、新雅、雪青等。

10.七月酥

树势较强,树姿半开张。果实卵圆形,平均单果重200克,最大果重640克,果形整齐。果皮初熟时呈绿黄色,细薄光滑,采后3～4天呈金黄色,果点浅小,均匀密布,果面洁净,蜡质中多。果肉白色,质细松脆,果心中大,石细胞极少,汁多味甜,香味浓郁,可溶性固形物含量12%～14%,品质上等。适应性较强,抗黑星病和黑斑病,丰产,是优良的早熟品种。自然授粉品种以晚三吉最好,人工授粉以酥梨、雪花梨为好。

11.早酥

树势强,果实卵形或长卵形,平均单果重200～250克。果皮黄绿色,皮薄光滑,果点小。果肉白色,肉质细嫩松脆,汁特多,石细胞少,可溶性固形物含量11%～14%,味甜稍淡,品质上等。抗寒、抗旱、抗黑星病,适应性强,丰产,是优良的早熟品种。授粉品种可选择鸭梨、锦丰梨、雪花梨、砀山酥梨等。

12.黄花

树势强健,树冠开张。果实圆锥形,均匀一致,单果重约200克。果皮黄褐色,果肉黄白色,肉质细脆多汁,味甜有浓香,可溶性固形物含量13%,果心小,品质上等。以短果枝结果为主,适应性强，抗病虫，丰产性好，早果性好，是南方各省推广的优良中熟品种。授粉品种可选择八云、抵园、二十世纪、长十朗等。

13.幸水

树势强。果实扁圆形，平均单果重160克，果皮青褐色。果肉黄白色，果心较小，肉质细脆，汁多味甜，可溶性固形物含量12.8%，品质上等。早果性好，丰产，是适宜南方发展的优良中熟品种。授粉品种可选择新水、丰水等。

14.丰水

树势强，枝条细软。果实近圆形，浅褐色，平均单果重250克左右，果肉致密多汁，味甜微酸，石细胞少，品质上等。是中熟偏晚的优良品种。授粉品种可选择新水、幸水等。

15.金水一号

树势强，树冠较开张。果实正圆形，平均单果重200克。果皮黄绿色，果肉中密，果面光洁，外观较美。肉质松脆，汁多味甜，品质中等。是晚熟丰产的优良品种。

16.早美酥

树势强。果实近圆或卵圆形，平均单果重250克，最大果重540克。果皮绿黄色，果肉乳白色，肉质脆，果肉细，石细胞少，汁液多，可溶性固形物含量11%～12.5%。品质上等，不耐贮藏。是优良的早熟丰产品种。

17.新高

树势中等偏强，结果期早。果实大，平均单果重350克，近圆形。果皮黄褐色，肉质细脆，汁多味甜，香味较浓。可溶性固形物

含量12%～14%，品质上等。抗逆性强，丰产，是一晚熟耐贮藏的优良品种。

18.金二十世纪

树势强，丰产。单果重200克左右。果皮黄白色，成熟时晶莹剔透，形似苹果，商品名称为“水晶梨”。果汁特多，味香甜脆，为目前我国南方梨之冠。

二、梨园建立

(一)梨园规划

梨园的建立应坚持“果树上山下滩,充分利用荒山、荒滩、荒地”的原则,建立以规模化经营的商品基地为主的现代化梨园。梨经济寿命长,可达40年,一旦栽植,多年生产,不宜易地。因此,建园时要严格规划,打好基础,配套安排。

1.园地的选择和类型

根据梨树栽培区域化、生产规模化、集约化和无公害化的发展趋势,建园的自然条件一定要符合梨树的生态习性。总的要求是气候适宜,土壤深厚,改土成本低,水源充足,交通便利,地下水位在1.5米以下,无工业废气、污水和粉尘污染。

(1)平地　平地面积较大,较平缓开阔,坡度$<5°$,土壤、气候基本一致,在平地建园具有规划管理方便,有利机械化生产,劳动效率高,果树生长发育好,产量高的优点。但平地通风、光照、排水条件不如山地,果实品质和耐贮力也比山地差。

我国南方的平地可分为冲积平原、洪积平原、湖滨、滨海地和海涂。冲积平原要注意地下水位,地下水位高于1.5米的地方不

可选作果园。洪积平原沙砾、卵石多，保水保肥性能差。近山处不宜建园，以防山洪、石洪危害。湖滨、滨海地和海涂调节气温有良好作用，但要改沙培肥，营造防风林。

(2)丘陵地　相对高差<200 米叫丘陵，100 米以下为浅丘，100～200 米为深丘。浅丘高度不高，上下交通比较方便，易于管理，发展梨园较为理想。深丘适宜在麓部建园。

(3)山地　山地日照好，果实色泽、品质好，耐贮藏，病虫害少。我国山地约占 60%，是选择发展梨树种植的适宜基地。山地发展梨树主要考虑的是山地的垂直分布带、坡向、坡度和坡形。山麓坡地是梨树种植的理想场所。凡光照充足、土层深厚、无冻害之处，都是梨树适栽地。

2.园地规划

园地规划内容是划分小区、道路、防护林、排灌系统；规划水土保持，土壤改良方法，规划建筑物，肥水池；规划树种品种等。在大型梨园中，梨树栽培面积应占总土地面积的 80%～85%，防护林占 5%～10%，道路占 4%～5%，建筑等辅助用地占 6%左右。总体规划应与单项规划结合，反复研讨，进行经济审核确定。设计书中还应包括梨园投资，梨树投产年限、产量、产值、资金回收及利润概算等。在距城镇较近的地方，还要考虑到旅游观光型梨园的配套设施，如食、宿、游、购的项目设计。

(1)划分小区　小区是果园的基本单位。划分小区时要以便于管理和采取一致的农业技术措施为原则。

大型果园为了便于生产管理，通常要划分成若干小区。小区的大小根据地形和机械化程度确定。生产管理水平高的平地果园小区宜大些，反之则小些。平地果园小区面积以 50～100 亩较好；山地地形复杂，机械化程度低，小区面积可 10～50 亩。小区的形状以长方形最好，山地果园长边应和等高线平行，且同一小区不要跨越分水岭和较大沟谷。长边与短边的比例以 2∶1 或 5∶(2～3)为好，山地果园长边可更长，成长带形。

(2)规划道路　有主路、干路、支路之分。

● 主路：设计在贯穿全园的适中位置，山地主路可环山或呈“之”字形，宽 5～7 米。坡降不超过 7%，汽车路弯曲半径不小于 10 米。

● 干路：宽 4～5 米，连接主路和小区，是小区的分界线，两边有排水沟。

● 支路：平地宽 2～4 米，山地宽 1 米。为人行道。

(3)水沟、水池、肥池　水沟设计一般与道路同步。道路两侧设排灌水明渠，道路上每隔 10～15 米用沙石修成直径 5～10 厘米的暗渠排水到两侧沟内。水池与水沟要相连，每亩蓄水 10 米^3 以上。每 5 亩梨园设计 1 个 30 米^3 肥池。

(4)辅助建筑物　要因地制宜的设计农具房、住宿用房、包装场贮藏室、加工厂、农机房、配药间、养蜂场等。观光型梨园还要设计商场、餐厅、招待所等旅游设施。

(5)防护林　防护林要选择生长快、寿命长、枝叶茂盛、适应性强，与梨无相同病虫害，或不是梨病虫害的中间寄主，有一定经济效益的树种。我国南方常用的树种有：杉木、悬铃木、麻栋、枫香、樟树、女贞、油茶、日本珊瑚树、木麻黄、竹等。应特别注意的是，不能用洋槐、泡桐、柏树做防护林，因为它们与梨树有共同的病虫害。梨园的防护林由防止主害风的主林带和防止主害风以外风力的副林带构成。主林带一般栽 5～8 行，副林带 2～4 行。乔木按 2 米×2.5 米株行距，灌木按 1 米×1 米株行距配置。防护林要设计成疏透结构或通风结构，不要设计成紧密结构。林带方向应与果园有害风、经常性的大风风向呈垂直或 25°～30°偏角。

3.种类品种的选配

梨生产区域化、良种化和建立高标准的梨园，是梨生产现代化的标志，一定的地区必须选择最适宜的种类品种。

(1)选择种类品种的依据

• 生物学和生态学特性：首先应考虑能不能栽培的问题。如在南方地区就不能选择秋子梨、白梨与部分西洋梨，绝大部分应选择适应南方环境条件的砂梨。一般要选择当地名优特产的梨，它们经过了较长的栽培历史，适应了当地的自然条件。如需要引入新的种类品种，则要经过试种，或者从气候、地理等条件相似地方引种。

• 经营目的和任务：如以外销为主，则要选择适销对路的品种。城郊梨园应选骨干品种加上早、中、晚熟品种搭配；离城较远的，则要选择耐贮运的品种。总之，必须面向市场，对市场作出正确的预测，确定主攻方向。

(2)种类品种的合理配置　梨园配置种类品种，原则上要因地制宜，合理布局。在同一地区，由于地形、土壤和气候的不同，应配置与之相适应的树种品种。

在种类确定之后，就要考虑品种的组成。品种数量的多少，因种类和梨园面积大小而定。如500亩规模的梨园，可安排4～6个品种，以晚熟耐贮运的品种为主，可按成熟期合理排开。一般按7～10天安排1个品种，这样有利于均衡上市和劳动力调配。在梨园有贮藏条件的情况下，晚熟品种占比例可大些。没有贮藏条件的，各品种应依市场需求安排。

(3)授粉树的配置　绝大部分梨需要配置授粉树，以提高经济产量。因此，在建园时一定要考虑好授粉树的配置。配置的原则如下：①主栽品种与授粉品种应同时进入结果期，花期相同，寿命基本一致；②它们能相互授粉，花粉量大；③尽可能要求授粉品种也是优良品种，这样就可以按照1∶1的比例进行配置，若授粉品种相对较差，则可按照1∶4的比例进行配置(见图1)。

OOOX	OOXX	OOOX	XOOOOΔ
OOOX	OOXX	OOOX	XOOOOΔ
OOOX	OOXX	OOOX	XOOOOΔ
OOOX	OOXX	OOOX	XOOOOΔ
OOOX	OOXX	OOOX	XOOOOΔ
OOOX	OOXX	OOOX	XOOOOΔ
3∶1	1∶1	4∶1	1∶4∶1

图1　授粉树配置方式

O为主栽品种，X、Δ为授粉品种

(二)梨树定植技术

梨树栽植技术包括栽植前的土壤准备和苗木准备，确定栽植密度、栽植方式、栽植时期以及栽后管理等。

1.栽植前的土壤准备和苗木准备

(1)土壤准备　梨树定植前应对定植地进行整地和土壤改良工作。

山地、丘陵梨园如果全面深翻易产生水土流失。整地时可用修筑梯田、撩壕、挖鱼鳞坑等方法。

梯田是将坡地改成台阶或平地，多用片石砌壁，成本较高，但保持水土的效果较好。地势较平缓的坡地，可修宽面梯田，每块梯田栽植数行梨树。复杂山坡地，可修复式梯田，每块梯田栽1～5株树。

撩壕是在山坡上按等高线挖横向浅沟，沟的下方堆成垄，在垄的外坡栽果树。

挖鱼鳞坑适于坡度较陡，地形复杂，不易修梯田的山坡。

平地果园整地重点是改造海涂、盐碱地和海滩地。在海涂、盐碱地栽植果树，为了降低地下水位，减少返盐返碱，可用低畦高埂躲盐栽植法和台田栽植法。河滩地要筑埂防洪，挖坑换土。

无论是山地还是平地果园，对土壤黏重、排水不良之地，都要采取多施有机肥料，客土掺沙等方法，使土壤理化性质得以改变。栽植前栽植穴要深挖，并施入腐熟的农家肥。

(2)苗木准备　苗木在栽植之前必须进行品种核对、登记，发现差错及时纠正。外地调入的苗木，应解包分组，剔除畸形苗、弱小苗或伤口过多、质量很差的苗。选择壮苗，将根浸入水中充分吸水后再栽。对带有病虫的苗木，要用3～5波美度石硫合剂喷洒或浸苗10～20分钟，消毒后用水淋洗再栽。

2.栽植密度

梨树栽植密度与种类品种、砧木、当地的立地条件、整形方式、管理水平、栽植方式等有很大关系。山地及瘠薄地的株行距一般为(2～4)米×(3～5)米，亩栽33～111株；平地的株行距一般为(2～4)米×(4～7)米，亩栽28～83株。

新栽梨树可以采取“计划密植栽培”。即建园时有目的地增加栽植株数，随着树冠的扩大，进行一次或数次间伐，最后保持一定的株行距，以获得早期丰产，早获收益，经济利用土地。如先按2.5米×2.5米定植，结果几年后当树郁闭时，隔行移出临时行，变成2.5米×5.0米的长方形栽植方式。

确定计划密植密度需要进行调查研究，要对当地主栽品种成年盛果期的果树平均冠径作出统计数字，最后以树冠允许交叉20厘米为合适的间隔来计算出永久树株行距。一般计划密植的间伐树以相隔10年间伐1次为宜。

3. 栽植方式

梨树的栽植方式有多种，常用的有以下几种(见图 2)。

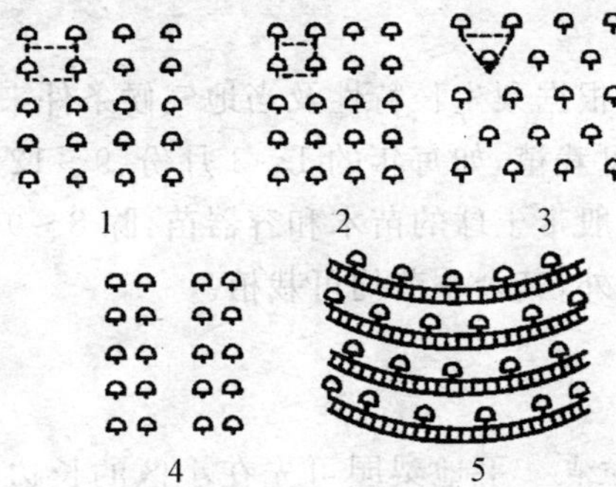

图 2 果树栽植方式

1. 长方形；2. 正方形；3. 三角形；4. 双行带状；5. 等高栽植

(1)长方形栽植 生产上应用较普遍，其行距大于株距，通风透光好，便于行间作业，是平地大面积梨园中密栽植的最佳方式。

(2)正方形栽植 其行株距等长，通风透光较差，后期行间易郁闭。

(3)三角形栽植 相邻两行的梨树位置错开，三棵树可成等腰三角形。在东西向的山坡地梯田应用较多，可以提高单位面积上的株数，比正方形多栽 11.6%。但不便于管理，通风透光差。

(4)双行带状栽植 即宽窄行栽植。一般 2 或 3 行为一带，带距是行距的 3～4 倍，带内行距 2 米左右，带间行距至少 5～6 米。由于带内较密，可增加单位面积栽植株数，群体抗逆性强，易于丰产，但带内管理不便，郁闭早，后期不易控制。

(5)等高栽植 适于山地梯田、撩壕采用。每行树顺等高线走向，有利于水土保持。

关于栽植的行向，平地一般采用南北行向，尤其是在密植条件

下，南北行向光照条件好，光能利用率高。山地梨园为了保持水土，只有按等高线排行向，由于上行高，下行低，光照影响不大。

4.栽植时期

栽植时期应根据梨生长特性及当地气候条件来决定。梨在雨季和春、秋季均可栽植，如每年的1～3月份、9～12月份是最佳栽植时间。目前一般带土球的苗木和容器苗，除8～9月份因高温干旱天气不宜栽植外，其余季节均可栽植。

5.栽植方法

（1）确定栽植点　平地梨园可先在小区的长边和短边划相互垂直的基线各两条，再用测绳拉直定在行距上，用石灰根据测绳上株距的标记撒下栽植穴标记。山地以梯田走向为行向，用标有株距的测绳沿行定点，用石灰撒出定植穴标记。

（2）挖栽植穴　可用人工挖掘，也可用挖坑机挖掘。挖穴时应将表土和底土分别堆放。平地建园最好挖1米^{3}的大穴；山地、丘陵、沙地定植穴可略小，以0.8米^{3}较合适。密植园及排水不畅之地，可用抽槽整地的方法。

（3）苗木栽植　栽植技术要点可用“三埋二踩一提苗”来概括（见图3），即先在穴内垫一些表土，施入一些腐熟的农家肥，把树苗放入，埋上表土把根系盖住（一埋）。为防止苗根在穴内卷曲，埋后将苗轻轻向上提一提（一提苗）；然后扶正苗木，踩实土壤（一踩），再填一层表土至苗的茎与根的交界处（二埋）；把土再踩实（二踩）；浇水后再培一层土呈丘状（三埋）。总的技术要求是分层填土，层层踩实，不窝根、露根，根系与土壤密切接触。栽植时最好是以带土栽植为宜，深度以露出根茎为度。苗木适当深栽可提高抗旱能力，但切勿将嫁接口埋入土中，应考虑定植穴下沉的问题，一般会有5～10厘米的下沉。

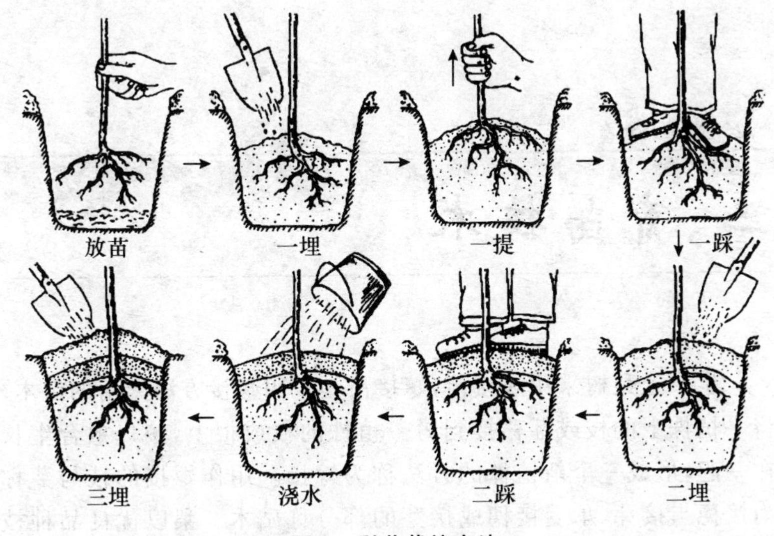

图 3 梨苗栽植方法

6. 栽后管理

(1)定干 栽后定干，一般定干高度为 70～90 厘米，剪口应有饱满芽。土质差、坡度大的瘠薄山地，定干宜低些。如果苗木生长细弱，不够定干高度，可进行强截，让其从壮芽处重新萌出壮枝，第二年再定干。距地面 40 厘米以下萌发的枝应及时抹除，40 厘米以上的枝芽全部保留，以利幼树生长。

(2)检查成活及补栽 春季发芽时，发现未成活的苗木要及时拔去，并及时补栽。

(3)其他管理 主要是灌溉、地面覆盖、解除嫁接口残留的塑料薄膜、防治病虫、设支柱防大风、培土扶苗、中耕除草等工作。

三、育苗技术

生产上梨树采用嫁接苗，嫁接苗是采用嫁接方法繁殖的苗木。将一植株上的枝或芽移接到另一植株的枝或根上，接口愈合生长在一起，形成一个新植株的方法称为嫁接。用作嫁接的枝与芽称为接穗与接芽，承受接穗或接芽的部分称砧木。梨以优良品种枝或芽作为接穗，因而嫁接苗结实早，能保持品种的优良性状，具有提高苗木抗寒、旱、涝、病虫的能力。用矮化砧木还可以使果树矮化。梨树常用的砧木为豆梨及野生沙梨。嫁接苗育苗过程分为砧木苗培育、嫁接、嫁接后的管理等。

（一）砧木苗培育

1.种子的采集和贮藏

优良的种子是培养优良实生苗的关键，应从品种纯正、生长健壮、无严重病虫害的树上采集种子。采集种子时种子要充分成熟再采。果实采下后经堆积软化后，取出种子。堆积过程中要经常翻动，防止发热损伤种胚，降低种子发芽力。

种子取出后，应将附着于种皮上的果肉、果汁等洗净，并漂去空瘪子，置阴凉处晾干，不可暴晒。

种子阴干后，应进行精选，去除杂物、破粒，并根据种子大小和饱满程度进行分级。

阴干后的梨砧木种子的含水量在13%～16%。贮藏中应注意保持合适的温度、湿度和通气状况，温度以0～8℃为宜，空气相对湿度应保持在50%～80%，要注意通风，以防止二氧化碳（CO_2）中毒。

2.种子的层积处理

落叶果树的种子一般都有休眠期，休眠的种子经过一段低温湿润时间，其内部发生一系列生理变化后，才能具备萌发能力。这一过程即层积处理。梨的各种砧木也均需要这种后熟阶段。但由于种子的种类和产地等差异，后熟期一般为60～90天。种子的大小也影响后熟期，以豆梨为例，小粒种子需要60天，而大粒种子则需要80天。

种子的后熟需要的温度为2～5℃，若高于17℃种子就会进入二次休眠。种子的后熟要处于湿润状态。

为了使种子通过休眠，在冬季不太寒冷的地方可以实行秋播，让其在田间自然条件下通过休眠期。为了避免种子受冻害和各种鸟兽为害，或者因为苗圃地暂时无法播种，通常采取沙藏处理，处理的早晚由种子后熟期长短决定，要使沙藏期结束在播种开始前。

层积处理的具体做法是，在地势高而背阴的地方挖深60～100厘米的沟，沟的深度以能维持适宜温度而定，长度和宽度则随种子量而定。层积前种子要用清水浸泡5～6小时。然后按1份种子3～5份河沙的比例混合。河沙的湿度是关键因素，一般是手捏成团而不滴水，手松开，一触即散为宜。

一般先在沟底铺5厘米厚的河沙，然后把混匀的种子和沙放在沟内，至距地面10厘米左右，上面覆盖麻袋片等物品作为指示

物，以便将来取种方便。覆盖物上再盖10厘米厚的河沙，然后再覆土呈屋脊状，高出地面，四周挖排水沟。种子量大时，层积沟中要插草把，以利通气（见图4）。

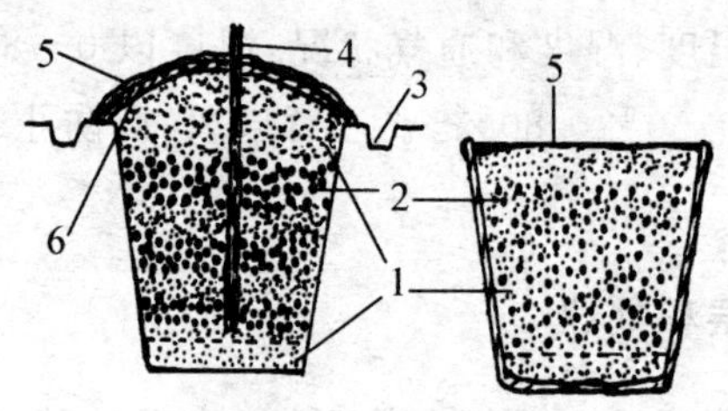

图4 种子层积

1.沙子；2.种子；3.排水沟；4.通气秸秆；5.薄膜或稻草；6.覆土

种子量少时，可将与沙子混匀的种子装入瓦盆、木箱等容器中。将容器埋于背阴处或放置在地窖中均可。如果量很少，也可放在冰箱中。

层积过程中要时常检查，注意湿度和通气状况，防止种子霉烂。干燥时要及时补水，过湿时要晾晒。

如果豆梨种子来不及层积处理可以用温水浸种，水量为种子的5倍，将种子倒入50～60℃的水中，边倒边搅拌，直搅拌到水温降至40℃为止，浸泡24小时。捞出后放在草席上，上盖塑料薄膜，置温暖向阳处催芽，其间每天用温水冲洗两次，7天后种子发芽率可达80%左右，即可进行播种。未处理种子也可用0.15%的赤霉素浸种24小时，按上述方法催芽，也有良好效果。

3.整地做畦

整地要求做到细致平坦，距地表10厘米深度内无较大土块，做到上暄下实，为种子发芽、出土创造良好的条件。

为了防止苗期病害和土壤害虫,可对土壤进行消毒,具体做法是:3%的硫酸亚铁溶液,每平方米用4.5千克,于播前7天均匀浇在土中;或用福尔马林每平方米50毫升,加水6~12升,在播前7天均匀浇在土壤中,再用塑料薄膜覆盖3~5天,翻晾无气味后即可播种;或用五氯硝基苯加代森锌,每平方米用5克,混拌适量细土制成毒土,撒于土中;辛硫磷每平方米用2克,混拌适量细土,制成毒土,撒于土中。

为了管理方便,一般采用畦播,通常畦宽0.8~1米,畦长为10~20米,土地平整可长些,反之宜短些,以便浇水。一般多用平畦,在低洼地或雨水充沛的地区可用高畦。

4.播种

(1)播种时期　秋播适于不太严寒地区,一般为11月上旬至12月下旬。春播宜在层积种子已多数露白,土壤已解冻时为宜,一般为2月下旬至3月下旬。

如果层积种子已萌动,而尚不能播种,应置于低温处,抑制其发芽。否则芽子生长过长,给播种造成很大困难,且易伤新发根尖。

(2)播种量　播种量通常以每亩千克数来表示。其计算公式如下:

播种量(千克/亩)=每亩计划出苗数/(每千克种子粒数×种子发芽率×种子纯净度)

播种量除受公式中的因素直接影响外,还受气候条件、土壤条件的影响,生产上实际播种量都要高于计算量,以保证苗圃达到全苗,提高育苗效率。一般的播种量豆梨为0.5~1.5千克/亩,野生砂梨为1~3千克/亩。

(3)播种方法　常用撒播和条播方法。撒播法是将种子均匀

地撒于苗床上，省工而且产苗量高，用移栽育苗时，可用这种方法，通常应在3片真叶时将苗移栽。移栽苗主根受到破坏，侧根发达，育出的梨苗根系较好。但对移栽时期要求严格。移栽后加强管理，当年可达嫁接粗度。

条播是按一定的行距将种子均匀地撒在播种沟内，是当前育苗应用最广泛的方法。通常播种量较大，出苗较多时可采用间苗法。

播种深度通常为1.5～2.5厘米。播后要采用覆盖保墒，以利种子萌发。条播行株距为(40～50)厘米×(10～20)厘米，产苗量为每亩8 000～10 000株。如果采用宽窄行，宽行距50厘米，窄行距20厘米，既可以提高亩产苗量，又方便嫁接时人在宽行中操作。

5.播后管理

(1)间苗　一般分两次进行，第一次在幼苗出现3或4片真叶时，适当疏去过密植株，去劣存优。第二次间苗在第一次间苗后15天，可按要求的株距留苗。间苗时如发现缺苗，可将间下的苗补栽。

(2)施肥和灌水　一般苗圃播前亩施基肥3 000～5 000千克，5～6月份追肥2或3次，每次每亩追尿素6～7千克，或腐熟人粪尿250千克。至7月份后要施几次速效性磷钾肥，可采用土施或根外喷布。

每次追肥后要适当灌水，如遇降雨，可以免灌。雨季要注意排水，以免淹死苗木或造成苗木徒长。

(3)防治病虫害　主要是防治地下害虫、食叶害虫和一些病害，常见的有地老虎、蝼蛄、蛴螬、蚜虫、卷叶虫、尺蠖、刺蛾、猝倒病、立枯病、赤星病、白粉病、褐斑病等。可视病虫种类采取对症治疗，使用人工或喷药防治。如地下害虫多的地方，可人工挖治或用敌敌畏药液灌根，药液灌根用背负式喷雾器去掉喷头即可。猝倒病是幼苗最易感染的，其根茎部表皮发黑，最后木质部干枯，苗木枯倒而死，其发病条件是高温高湿。播种前浇足水是防止此病的重要措施。发病后可用25%的多菌灵300倍液或50%的多菌灵800倍液喷雾。其他病虫害的防治见本书第七部分。

（4）移苗　采用畦床播种或苗木过密时，要进行苗木移栽。移栽前要先按前述要求的条件整好地，做好畦。移前苗木要灌水，防止起苗伤根。取苗可采用带土坨或蘸泥浆的办法。一般3片真叶时开始移栽，不可超过4片真叶。移苗后要灌水和适当遮荫，以提高成活率。成活后加强肥水管理，当年可达嫁接粗度。

（5）中耕除草　苗圃要经常中耕除草，以防止杂草和苗木争夺养分、水分，保持土壤疏松，增加土壤通气性和保持土壤水分。中耕除草可根据草情和雨后、灌水后进行。

（6）断根　梨的实生苗直根发达，侧根少而弱。直播未经移栽的苗木根系不发达，定植后成活率低，缓苗慢，树势弱。通常采用断根的方法，断根时间一般在夏末至初秋，砧木苗长到6片真叶前后，用锋利的铁铲在苗木边斜45°铲入苗木根部，将主根铲断，这样有利于根系很快愈合和促生分根。

（7）打顶　在苗长高到60～70厘米时进行打顶，以促进苗木粗壮并及早摘除嫁接部位处的分枝，芽接前还可将嫁接部位的叶片摘掉，以便于芽接。

（二）嫁　　接

1. 嫁接成活的原理

嫁接能否成活，取决于砧木与接穗的亲和力，即它们的亲缘关系越近，其亲和力越强，成活的可能性越大。另外，光照、温度、湿度等环境条件、嫁接时间、技术、砧木与接穗的质量、嫁接方法等，

也直接影响嫁接的成活。

选择砧木时应考虑以下几个因素：与接穗的亲和力要强；对接穗的生长和结果有良好的影响；对栽培地区的气候、土壤环境条件适应性强，例如，抗旱、抗涝、抗寒、抗病虫等；取材方便，易于大量繁殖；具有特殊需要的性状，如矮化等。一般情况下，南方梨嫁接应用得最多、最普遍的砧木是豆梨。

2.接穗的选择、采集和贮藏

（1）采穗母树的选择　采穗母树应是品种纯正且是推广发展的优良品种，适于当地自然条件，抗逆性强，树势中庸，生长健壮，处于结果盛期，无检疫性病虫害。

（2）接穗的采集

● 枝接接穗：枝接接穗在春季嫁接前采集，最迟不能晚于发芽前2～3周。采时选择树冠外围生长的1年生、节间长度适中、芽体饱满、已充分木质化的枝条，一般多采用30～60厘米长的普通营养枝。

● 芽接接穗：芽接接穗在生长季节随接随采。要采集发育良好、芽饱满充实的当年生新梢，采后立即剪去叶片保留一段叶柄。

（3）接穗的包装　采下的接穗要分品种捆扎、编号、挂上标签。标签上注明品种、树号。然后装入塑料袋中，迅速运到嫁接场所或贮藏点。

（4）接穗的贮藏　芽接的接穗不需贮藏。枝接的接穗如果不立即用于嫁接，可将接穗埋入湿沙中贮藏起来，也可以用湿布或苔藓一类吸水、保水力强的材料包裹住接穗，放在低温阴凉处贮藏。贮藏的基本要求是保持湿度，控制温度，减少光照，抑制萌发，以使接穗在嫁接时仍然健壮有活力。

3. 嫁接常用工具

嫁接常用的工具有修枝剪、嫁接刀及塑料薄膜。芽接用的嫁接刀除购置外,还可用钢锯片进行磨制。一般留 20 厘米长,刀口长 6 厘米左右,注意只磨一面,千万别双面磨。嫁接刀如能迅速割断头发就已经磨好了。枝接用的嫁接刀除购置外,一般用更厚实的钢片磨制,同样只磨一面。

4. 嫁接方法

主要有枝接(用有 1 个或几个芽的一段枝条作接穗)和芽接(用 1 个芽片作接穗)两种方法。

(1)枝接　一般在春季砧木萌动而接穗未萌动时进行,在“惊蛰”到“谷雨”之间。常用的枝接方法有切接、劈接等。

● 切接:适用于根茎 1～2 厘米粗的砧木。具体操作方法如下(见图 5)。

削接穗:接穗长 2～4 厘米 (1～2 个芽)。削成一长一短两个削面,长削面在芽侧面下方 0.5 厘米左右向下削 2～3 厘米,削去皮层,露出部分木质部,约削去枝粗的 1/3 以上,短削面在长削面的对面,斜 45°削断枝条,长 0.5 厘米左右(三刀法可在长削面的对面先平削 1 厘米左右的短平削面,再斜 45°削断枝条,成活率稍高)。削面要平直光滑。

砧木处理:在离地面 10 厘米处剪断砧木,选砧木光滑、纹理顺直的地方向下削一劈口,露出形成层,稍带木质部,即削面边缘是淡绿色,中间为白色,劈口要和接穗同粗或稍宽,深度为 2～3 厘米,比接穗的长削面略短一点。

接合:把接穗削面向里插入砧木切口,使接穗与砧木形成层对齐,如粗度不等,可对齐一边的形成层。最后绑缚、保护。

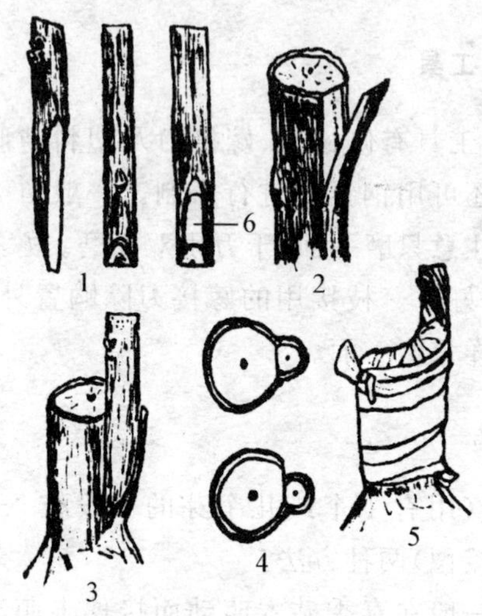

图 5 切接

1. 削接穗;2. 切砧;3. 插接穗;4. 对准形成层;5. 包扎;6. 三刀法短平削面

• 劈接:适用于较粗的砧木,并广泛用于果树高接换头。具体操作方法如下(见图 6)。

砧木处理:将砧木在嫁接部位剪断或锯断,要使留下的树桩表面光滑,纹理通直,否则劈缝不直,同时要将锯口用刀削平、削光滑。然后把劈刀放在砧木中心,用锤轻轻敲击刀背,把砧木劈开。

削接穗:接穗削成楔形,削口长 2～4 厘米,接穗的外侧要厚一些。砧木过粗,为防止夹伤皮层也可内侧稍厚。接穗的削面要求平直光滑,最好一刀削成。

接合:用刀或木楔将砧木劈口撬开,将接穗插入砧木劈口,使接穗的厚侧面在外,接穗与砧木的形成层要对齐,由于砧木皮层厚于接穗,接穗外表面要稍靠里点。接穗的削口不要全插进去,要外

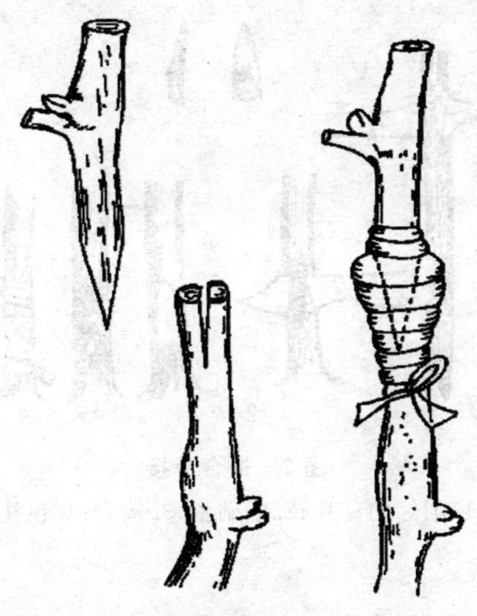

图 6 切接

露 0.5 厘米左右。

较粗的砧木可以在劈口两侧插两个接穗。接好后将刀或木楔轻轻退出,使砧木将接穗夹紧。然后用塑料条缠紧,再将劈缝和截口全部包严实。接穗可以蘸蜡或用塑膜包裹,或者用塑料袋套上,这样湿度大,有利于接口愈合。注意操作中不可碰动接穗,否则易改变位置。

(2)芽接　适于春、夏、秋季进行,即在生长季节进行。常用的芽接方法是嵌合芽接,具体操作方法如下(见图 7)。

削接穗:用刀在接穗芽下方 1～1.2 厘米处以 45°角向下切入木质部,在芽上方 1 厘米处向下斜削一刀,至第一切口,即可取下一盾形芽片。

削砧木:在离地面 5～10 厘米选光滑平直的一面,最好避开芽或叶片部位,其削法与接穗相同,削取芽片的大小相近,或使之稍

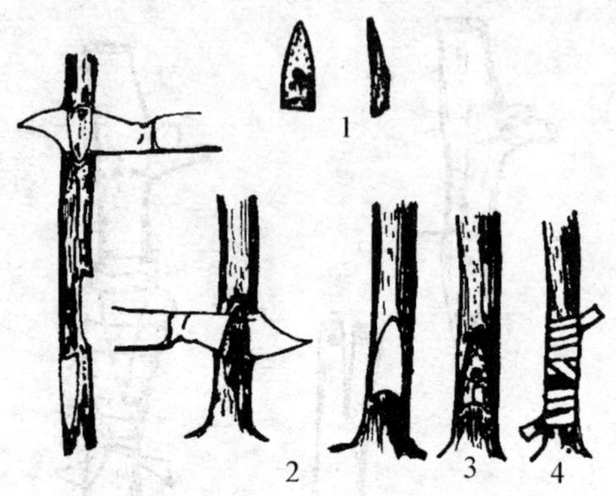

图 7 嵌合芽接

1.削好的芽片;2.削砧木;3.接合;4.包扎

长于接穗盾片。

嵌合:将芽片嵌入砧木切口,使形成层对齐。

包扎:用宽约 1 厘米的嫁接薄膜由下往上进行包扎,注意“两头紧,中间松”。包芽或露芽都可以。

5.嫁接注意事项

总的要求是做到“快、准、光、净、紧”。

- 快:指操作动作要快,刀具要锋利。
- 准:指砧木与接穗的形成层要对准。
- 光:指接穗的削面要光洁平整。
- 净:指刀具、削面、切口、芽片等要保持干净。
- 紧:指绑扎要松紧适度。

（三）嫁接后的管理

1. 检查成活

嫁接后 7 天即可检查成活。如接穗保持绿色，叶柄一碰即落，则已成活。如接穗变黄或变黑，叶柄干枯，不易碰落，则已死亡，需要再次补接。

2. 剪砧

夏末和秋季芽接者，要在第二年春天发芽前剪砧，在接芽上方 0.5 厘米处剪去砧木。春季芽接者，分两次剪砧。第一次是在接芽发芽后，离接芽上方 3～4 片叶处剪去砧木梢，第二次是当接芽长成的新梢木质化后，再将嫁接部位上方 2～3 厘米处的砧条全部剪除。

3. 解膜

芽接一般在第二年春天发芽前结合剪砧进行解膜，枝接者为防止接穗抽生的新梢劈裂，可推迟至冬季解膜。

4. 除萌

剪砧后，砧木上会陆续萌生许多萌蘖，要及时除去，以免消耗养分和水分。除萌应多次反复地进行。

5. 立支柱

在春季风大地区，为了防止接穗抽出新梢被风吹断，当接芽长到 30 厘米时可紧贴砧木立一小棍并绑缚，这可以使苗木生长直立，而且增强长势。

6.摘心

苗高1米左右时进行摘心，促进苗木增粗和整形带的芽饱满。

7.松土、除草

苗圃杂草是影响苗木生长的一大因素，要及时除草。一般结合中耕松土，保持土壤疏松，无杂草。

8.肥水管理

苗木的追肥要视苗木生长情况和土质而定。苗木生长瘦弱、土壤瘠薄、基肥少，则需多次追肥。一般在萌芽前每亩追施尿素10千克，5月中旬苗木进入旺长期后，可再追施尿素2次，每次10千克，每次施肥后要及时灌水。7月份后应控制肥水，可追施磷钾肥。还可以根据需要进行叶面追肥，即用喷雾器喷施0.5%的尿素或0.3%的磷酸二氢钾。

9.病虫防治

根据病虫的发生情况及时进行病虫防治。主要是防治食叶和卷叶害虫及叶片黄化，要确保叶片完整正常。

（四）高接换种技术

不少老梨园和新发展的梨园品种老化或不适应当地条件，故而不能生产出优质梨果，经济效益很差。有效的解决办法就是进行高接换种。对结果期前的幼年园，可根据树体大小，采用接一个枝或多个枝的办法换种；对于结果期的梨园应采用多头高接的办法，如果嫁接顺利，3年就可以恢复原来树冠，株产可达100千克以上，最高可300千克。这种方法已在很多梨产区广泛推广应用，并取得了良好效果。

多头高接换种具有能充分利用原有骨架和强大的根系，迅速扩大树冠；充分利用树膛内的光秃部位，插枝补空，增加结果空间等优点。高接换种的具体方法如下。

1. 高接前的准备

要先做好全面规划和具体安排，根据劳力、接穗数量做到逐年改接。可以采取小年多接，大年少接的方法，以避免影响当前收入。要选好适宜本地区栽培的优良品种，注意品种搭配和授粉树的配置。

2. 接穗的准备

接穗最好是在本地区表现优良的品种树上选取，母树应丰产健壮，无严重病虫害。对母树应加强肥水管理和进行重剪，使其长出较多的接穗。当然也可从外地调运优良品种的接穗来进行嫁接。嫁接时可先将接穗在清水中浸 10 余小时，防止接穗在贮藏过程中失水，以提高成活率。

3. 高接换种步骤

(1)骨架整形(见图 8)　按树形的要求整好骨架。每株选 6 或 7 个主枝，主枝上安排 2 或 3 个侧枝。主枝锯掉原长的 1/3～1/2，锯口直径在 8 厘米以下。侧枝适当短留，在留 1 或 2 个副侧枝处去掉。辅养枝收缩至内膛，使其在内膛结果。一些无空间而扰乱树形的枝条要彻底去掉。主、侧枝和中央干上的小枝，疏除过密的，尽量保留进行高接，以培养成枝组(不同树龄、树形分别说明)。

对高接树插枝补空，可以充实内膛，要求同侧每 50 厘米左右插 1 枝，在大枝上用背上斜插法，与主枝成 45°角。中干上插枝要

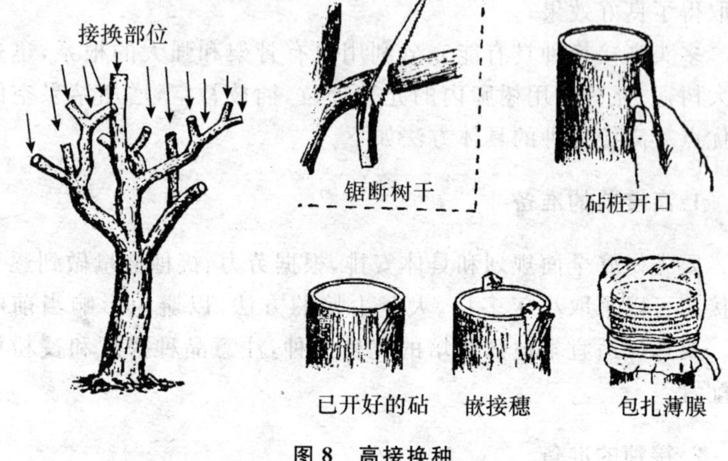

图 8　高接换种

伸向各个方向。

(2)嫁接　根据具体情况采取切接、皮下腹接等嫁接方法进行嫁接。

高接品种腋花芽结实能力强,次年就可结果。高接接穗通常留 3 或 4 个芽,为了早形成短枝,早结果,可在辅养枝头和骨干枝上形成结果枝组的部位接长接穗(留 10 个左右),使其下部芽形成短枝。骨干枝头上也可接一长一短两个接穗。

4.高接换种的方式

(1)春季一次完成　是高接换种的主要方式。在春季树液开始流动时进行,通常为 3 月下旬至 5 月下旬。利用冬季贮藏的接穗。采用切接、皮下腹接等方法,一次完成全树高接换种。

(2)春夏两次完成　3～5 月份,树体骨架锯好后,各大枝先端以皮下腹接方法嫁接,内膛不嫁接。夏季内膛长出许多萌蘖枝,在需要枝的部位将其留下来,无用者及时去掉。到 8 月份前后在萌蘖枝上芽接换种品种。冬剪时，从接芽上方剪砧。接芽长成枝条后通过摘心、拿枝等方法，使之早结果，并逐步培养成枝组。

(3)夏季嫁接　春季去头，5～7月份，用当年新梢作接穗，以带木质部芽接法，在要换种的大树上按高接去留骨架的要求部位进行芽接。第二年春在接芽上剪砧，并在主、侧枝头上用皮下腹接方法枝接。接芽萌发后，按上法管理。

以上3种方式以第一种为主，其他2种为辅。3种方式也可结合应用，如枝接未活时，可在其附近萌蘖枝上芽接。

5.高接后的管理

(1)解除绑缚　高接成活后应及时解除绑缚物，以免造成绞缢，影响枝条的生长和牢固性。但也不能解除太早，否则易被风吹折或碰断，一般可于成活后2个月左右解除。

(2)绑支柱　高接后长出的新梢生长很旺盛，接口愈合组织又很幼嫩，新梢极易被风吹折。当新梢长到20～30厘米时，在砧木的枝桩上绑一个棍棒，将新梢松松地绑到棍棒上。秋季落叶后去掉支柱。

(3)除萌蘖　高接当年会从原母体上发出很多萌蘖，如生长在比较空的位置则可保留进行芽接，有些嫁接未成活的地方则可以利用萌蘖再进行芽接，其余应及早去除，以免浪费养分和妨碍高接枝生长。

(4)补接　接后半个月左右就可以看出是否成活。成活者接穗皮部青绿，芽开始萌动(未萌动但皮仍新鲜也是成活)。未成活接穗皮部皱缩、干枯。未活的应及时补接。补接时将原砧木锯去一截，重新高接。内膛可重新插枝，也可用萌蘖进行芽接。

(5)修剪　根据树形要求，轻剪长放，以尽快恢复树冠。大枝头上接两个枝者应控制一个，使成为辅养枝，不可急于去掉，以利伤口愈合。修剪还应分清主次、分别对待。要冬剪夏剪结合，以减

少修剪量，及早形成花芽，恢复产量。

(6)其他管理　加强土肥水管理，保证大量生长对水分和养分的需求。特别注意高接后1个月内的水分供应，以提高成活率。加强病虫害防治，保护好叶片和枝干。高接后枝叶减少，暴露枝干可涂白，防止日灼病。

四、土肥和水管理技术

(一)土壤管理

梨树是深根性果树,土壤理化性质良好,土层深厚,有利于根系的生长发育。南方梨园多在丘陵山地,土层较浅,土质瘠薄,加之雨水较多,土壤黏重,透气性差,夏秋季高温干旱,地表温度高,影响根系的生长。故应加强土壤管理,改善根系生长环境。

1.土壤改良

土壤改良必须达到以下标准:土层深厚达 0.8 米,梨树的根系较深,其土层应达到 1 米;土质疏松,通气性能好;土壤肥沃,有机质含量在 2%以上,且含有大量的氮、磷、钾、钙、镁等营养元素;土壤酸碱度适宜,pH 值为 5.5～6.5,若该地有生长茂盛的蕨类,则说明此土壤的 pH 值为 5.5～6.5,适宜栽植梨树。

土壤改良的主要方法有合理间作、深翻改土、树盘培土、种植绿肥、树盘覆盖等。

(1)合理间作　合理间作既可充分利用园地和光能,增加早期经济效益以短养长,以园养园,又可改良土壤结构,增加土壤有机质,还可以形成生物群体,改善微域生态条件,抑制杂草生长,减少

蒸发和水土流失。

间作物一般应遵循的原则：①植株矮小，生育期短，根系浅，不影响梨园内通风透光和根系生长；②间作物需肥水较少，在肥水不足的梨园，间作物与梨树需肥水的关键时期应错开，以免二者竞争肥水；③适应性强，经济效益高，并能改良土壤结构、增加肥力；④间作物应与梨树无共同病虫害或是病虫害的中间寄主。

根据各地的经验，较为适宜的间作物有花生、大豆、豌豆、绿豆等豆科作物，西瓜、甜瓜等瓜类作物，黄芪、党参、白芍、地黄等药用植物以及草莓、甘薯、马铃薯等。通常不采用高秆作物如玉米、高粱、向日葵及秋季需肥水较多的白菜、萝卜、胡萝卜等作为间作物。小麦、菠菜、大蒜虽需肥水较多且与梨树需肥水关键时期相重合，但对管理条件好、能及时施肥灌水的梨园，种植这些作物也无不良影响，在沙地梨园还可防止冬春风蚀。

为了使间作物不影响梨树生长，缓和树体与间作物之间争肥水的矛盾，同时便于管理，梨树与间作物间应留出清耕带。清耕带的宽度一般要求是：1 年生树留 1 米，2～3 年生树留 1.5～2 米。以后随着树冠扩大逐年加宽，至行间仅有 1～1.5 米时，就应停止间作，或只种绿肥作物。在间作物的管理上，在梨树和间作物需水、需肥高峰时期，要提供充分的水肥条件，减少竞争；注意间作物的轮作倒茬，一般采用隔行种植，逐年轮换，以免连作引起营养失调，或在土壤中遗留有毒物质，给梨树及间作物带来不良影响。

(2)深翻改土

● 深翻扩穴：在幼树期间，根据根系伸展情况，从定植穴向外，逐年深翻宽 40～50 厘米、深 60～80 厘米的环状沟，直至株行间全部翻通为止。

● 条沟深翻：定植时采用挖定植沟的园地，每年可沿栽植沟外缘，逐年向外扩宽 30～40 厘米、深 60～80 厘米的条状沟，直到全园翻通为止。

• 隔行深翻：在行、株间进行。隔一行翻一行，逐年轮翻。这样每次只伤一面的侧根，对梨树生长结果影响较小。梯田果园，内缘土层紧实瘠薄，可从堰根向外翻至虚土层为此，或在梯田内缘从一头翻到另一头。

• 全园深翻：最好在建园定植前施行。

深翻方法，一般用人工深翻，行间和全园深翻也可用深耕进行。人工深翻，质量容易得到保证。根据具体情况，确定深翻沟的位置，扩穴深翻要与上一次深翻接茬，中间不留隔墙，隔行深翻时，沟的两侧距主干至少1米，深翻时，表土、心土分开堆放，尽量少伤根，特别是1厘米以上的主侧根不可断伤，否则会引起梨树暂时生长缓慢或停止；但1厘米以下的细根断伤后25天左右就会产生愈伤组织并发生大量新根，影响不大。挖出的根要注意保护，不可干旱、暴晒或受冻，挖土时要表土、覆土分放。回填时，应先填表土，后填底土，同时，要加入尽量多的有机物和有机肥料。下层加入碳氮比高的粗大有机物（如多种作物秸秆、残枝、青稞、绿肥等），与土混合，若土壤为酸性，还应加入石灰，每亩50～100千克。为提高土壤肥力，一般每深翻1米^{3}土，应施入30～50千克有机肥。填完土后，还要灌1次透水。

（3）树盘培土　在树盘上进行培土，通常结合防冻在冬闲季节进行。培土时应注意选择与园地土壤性质相反的土壤。如园地为黏性土可培沙性土，而沙性土则应培黏性土。幼树每株培土150～200千克，成年树培土300～400千克，培土前先耕松园土，潮湿的塘泥必须风干到捣碎后再培土，以免土壤板结和通气不良。应注意的是培土的厚度不宜太高，以不超过20厘米为宜。同时一定要把根茎（树蔸）部位空出来，以防天牛为害。

（4）种植绿肥　在行间种植各种绿肥，如紫云英（红花草子）、肥田萝卜、黄豆、豌豆、黑麦草等，待绿肥长成后翻入土中。这种方法能有效地防止水土流失，增加土壤有机质，改善土壤结构。

(5)*树盘覆盖*　在树盘内覆盖麦秸、稻草、野草、油菜秸秆等，能保持土壤湿度，减少土壤温度变化幅度。当这些覆盖物腐烂后还能增加土壤有机质，改善土壤结构。

2.土壤耕作

幼年梨园的土壤耕作可分为树盘管理和行间管理。幼年树的树盘可采取清耕法、覆盖法或清耕覆盖法，行间种植绿肥或间作作物，也可进行中耕和深耕。成年梨园的土壤耕作可采取清耕法、覆盖法、清耕覆盖法、生草法和免耕法，其中生草法是近年已逐渐推广的一种较好的方法。

(1)*清耕法*　清耕法是果园株行间休闲，并经常进行中耕除草，使土壤保持疏松和无杂草状态的一种传统的土壤管理方式，目前生产上仍广泛应用。清耕法一般在秋季深耕，春夏季多次中耕除草，耕后休闲。

- 清耕法的优点：使土壤保持疏松通气，促进微生物繁殖和有机物分解，短期内可显著提高土壤有机态氮素；能有效地控制杂草和保持果园清洁卫生，减少病虫害的中间寄主；干旱季节清耕可减少水分蒸发，雨后中耕可克服土壤板结，春季中耕可提高地温，促进根系生长。
- 清耕法的弊病：费工，劳动强度大，雨季难以实行。往往是前期清耕，雨季杂草丛生，失去清耕的作用。需和化学除草配合进行。且清耕灭除有害杂草的同时，也铲除了有益草种，破坏了果园良好的生态平衡。其次，清耕法损伤了浅层根系，使生长最活跃、对温度反应最敏感、吸收养分能力最强的浅层根系不能发挥其良好作用。以至花芽难以形成，果实糖度低，色泽差。特别是清耕加上偏施氮肥不施有机肥，10厘米土层中有机质含量不足1%，易形成低产旺树，结果晚，不丰产。再次，长期清耕土壤有机质含量及土壤肥力迅速下降，土壤结构受到破坏，故应注意增施有机肥。最后，清耕法易引起水土流失，尤其是坡地果园，在大雨或灌溉条件下易造成水、肥、土的大量流失。

所以，清耕法并不是一种理想的土壤管理方式，一般适用于土壤条件好、肥力高、地势平坦的果园，但仍要注意有机肥的补充。

(2)覆盖法　根据覆盖物的不同可分为覆草法和覆膜法。

覆草法可以减缓土温剧变，增加土壤有机质，改善土壤结构，抑制杂草生长，减少管理用工，利于水土保持。覆草以选择麦秸、稻草、野草、豆叶、树叶、糠壳为最好，也可用锯末和玉米秸等作物秸秆。覆草时间在夏末秋初，厚度以15～20厘米为宜。覆草可全园覆盖，也可树盘覆草和树行覆草。

覆膜法具有增温保温、反光增光、保墒提墒、维持果树的正常生长发育以及改善果实品质的重要作用。覆膜多用0.03～0.05毫米的聚氯乙烯地膜，也可用除草膜和黑色地膜。覆盖时期一般在春季追肥、整地、浇水或降雨后，趁墒情覆膜。覆膜时，膜的四周和破损处要用土压实，以防风吹和水分蒸发。

(3)清耕覆盖法　生长季节在行间进行生草、种植绿肥，于旱季节来临前将种植的作物割倒翻入土中，树盘内保持清耕或覆盖。这种方法充分地利用了资源，能有效地防止水土流失，避免了种植作物与梨树争夺肥水，同时增加了土壤有机质，是比较好的一种方法。

(4)生草法　生草法是梨园地面上种植禾本科、豆科等草种的土壤管理方式。一般分为全园生草法和行内清耕法或覆盖法、行间生草的带状生草法两种类型。

• 生草法的特点：生草能有效地防止地表土、肥、水的流失，坡地梨园更为明显。生草能够改善土壤的结构和理化性能。生草可以增加土壤毛管孔隙，提高土壤贮水保墒性能，降低土壤容重，还可以使土壤保持良好的团粒结构。在梨园不施有机肥的情况下，生草能显著增加土壤有机质，提高土壤肥力。生草可明显提高梨

树对矿物质营养的利用程度，增加对钾、磷及多种矿物质元素的吸收，减少果树的发生。生草有利于改善梨园的生态条件，建立良好的生态平衡。生草后增加了地面覆盖层，减少了温度变幅，有利于表层根的发育。还可以提高光能和土地利用率，为梨树合成有机质肥料。生草改善了梨园小气候条件，有利于梨树害虫天敌的生存和繁殖，从而减少农药使用。但生草后易导致梨树根系上浮，其耐寒和耐旱性会降低。

● 生草的方法：一般有人工种草和自然生草两种方法。

目前，采用生草法的梨树园多是人工种草。一般以春季到秋季，当地温升到15～20℃，土壤水分条件较好时，均可进行播种。播种禾本科草（黑麦草、野燕麦、酢浆草、鸭茅草和牧草），一般每亩用草种2.5千克左右，如用豆科和禾本科草混播时，每亩用种量150～1 000克。种草后，要注意消灭其他杂草，一般播种前进行梨园灌水，诱发杂草萌发，然后用除草剂灭除杂草，20～30天后（除草剂失去药效后）再播草种。生草的最初几个月，最好不刈割，当草根扎深，营养体显著增加后，再开始刈割。

自然生草法是一种简单易行的生草方法。采用自然生草法一般不必在梨园内种特定草种，梨园会自然长出各种草来，通过自然的相互竞争和连续刈割，最后，剩下几种适合当地自然条件的草种。实现生草的目的。这是一种节省投资的办法。

采用生草法的梨园，一般当草高20～30厘米时进行刈割，一年刈割6～8次。割下的草多撒于草地上，任其腐烂，或覆盖于果树行内。在开始生草的2～3年里，草、树均应增施氮肥，增加灌水次数，以后以草施氮肥为主，梨树每年可进行3或4次根外追肥。生草5～7年后，草逐渐老化，应及时翻压，休闲1～2年后，再重新播种。在翻压生草时，为避免梨树伤根太多，应尽量浅翻或使用除草剂灭草。在休闲期内，有机物迅速分解，速效氮激增，应适当减少或暂停使用氮肥。

(5)免耕法　即施用除草剂除草,不动土层。免耕法具有保持土壤自然结构、节省劳力、降低成本等优点。但免耕法会使土壤有机质含量逐年下降而得不到补充,土壤肥力降低,同时连续使用除草剂或许会对土壤结构产生不良影响,因此,免耕法在土层深厚、土壤有机质含量较高的园地应用效果较好。同时免耕几年后,最好改为生草法和覆盖法,过几年再用免耕法。

成年梨园的土壤管理,可以采取覆盖法、清耕覆盖法和生草法等几种方式。一般采用的方法是在生长期进行清耕;冬季则种植绿肥,如蚕豆、紫云英等,次年春季翻入土中,以增加土壤的有机质含量。

(二)施肥技术

梨树产量高,需肥量大。丰产梨园在土壤有机质含量比较适宜的条件下,每生产100千克梨果需要补充纯氮0.3千克,磷0.15千克,钾0.3千克。氮、磷、钾三要素的比例大体为1∶0.5∶1。

1.施肥时期

梨树在年生长周期中对养分的吸收分两个阶段。从采果后至次年短梢停止生长,约从9月份至次年4月份,此时主要依靠树体贮藏的有机营养进行萌芽抽梢和开花,若贮藏的养分供应充足,则萌芽开花整齐一致,坐果率高,果实发育好;贮藏的养分不足,不仅影响受精和坐果率,还会影响果实大小和品质,所以,增加越冬前树体贮藏营养是优质高产的关键措施之一。从新梢停止生长至果实成熟和落叶为止,这期间的果实膨大,花芽分化等都是利用当年制造的营养。这阶段制造营养的多少直接影响梨果的产量和质

量。所以必须根据梨树在年生长周期中对养分的要求和肥料的特点，确定施肥时期。

(1)基肥　在秋季采果后至落叶前施入。此期气温和土温较高，有利于根系伤口的愈合和新根的发生。基肥以有机肥为主，全年的磷肥都在此次施入，因为磷移动性小，在土坡中易被固定，与有机肥混合施入可提高其有效性。基肥的施用量应占全年总施肥量的 50%以上。

(2)追肥　梨树在不同生长时期对营养元素的吸收量是不同的。新梢生长期及幼果膨大期吸收氮最多，钾次之，磷最少；花芽分化及果实迅速膨大期吸收钾最多，氮次之，磷最少，果实采收至落叶期，氮、磷、钾的吸收量都较少。除施足基肥外，还必须根据实际情况对梨树进行合理追肥，一般全年在以下 4 个时期追肥。

第一次：在萌芽前 10 天左右追施速效性氮肥。此次施肥量可稍大，占全年 20%左右。但初结果树和成年的旺树，一般不宜施用氮肥过多。

第二次：在落花后至新梢生长盛期进行，以速效性氮肥为主，配合施磷、钾肥，可以促进枝叶生长，缓和矛盾，减少落果。施肥量占全年的 10%～15%。

第三次：在果实膨大期施肥，以钾肥为主，配合施用速效氮肥和磷肥，对于提高果实产量和品质有重要意义。一般早熟品种在 6 月上旬施肥，中、晚熟品种可稍迟，施肥量占全年的 10%～15%。

第四次：在采果后施肥，以速效氮肥为主，主要是恢复树势，加深叶色，提高叶片光合效能，延长叶片寿命，增加贮藏养分，促使枝芽组织发育充实。施肥量占全年的 10%左右。

具体追肥次数和时期，应该根据梨树的生长情况而定。一般全年进行 2 或 3 次追肥. 还可以根据需要，结合梨园喷药，进行根外追肥。

2.施肥量

施肥量的多少与种类品种、树龄、树势、产量、土壤条件等因素有关。如西洋梨施肥量应比其他种类减少；日本梨比我国多数砂梨施肥量要求高；晚熟大果品种应比早熟小果品种增加施肥量20%～30%。

在生产上，有相当多梨园的施肥量是根据经验来确定的。通过调查、分析和对比当地不同类型的梨园常用施肥量，根据本园产量，土壤肥力情况来确定施肥量。具体操作时可参考表1。

表1 梨树施肥参考量 千克/亩

基肥参考量

肥力水平		低肥力	中肥力	高肥力
产量水平		2 000～2 500	2 500～3 000	3 000～3 500
有机肥	农家肥	3 500～4 000	3 000～3 500	2 500～3 000
	或商品有机肥	450～500	400～450	350～400
氮肥	尿素	5～6	5	5
	或硫铵	14～16	14	14
	或碳铵	16～19	16	16
磷肥	磷酸二铵	15～20	13～17	13～15
钾肥	硫酸钾(50%)	5～7	5～6	4～5
	或氯化钾(60%)	4～6	4～5	3～4

追肥参考量

施肥时期	低肥力		中肥力		高肥力	
	尿素	硫酸钾	尿素	硫酸钾	尿素	硫酸钾
萌芽期	14	8～9	13～14	7～8	13～14	6～8
果实膨大期	11	5～6	10～11	4～6	10～11	4～5

3.施肥方法

施基肥一般采用环状沟、放射状沟、条状沟和施肥等方法(见图 9),结合深翻改土,分层深施,施后覆土结合灌水。当成年树根系布满全园时,可全园施肥。根外追肥除了叶面喷肥外,近年来,开始运用注射机和输液器进行根外追肥(见图 10)。它们将肥料、药液、植物生长调节剂直接注入树干或大枝木质部,通过输导组织运输到树体各器官中去,达到施肥或杀虫治病的目的。这种方法克服了土壤施肥和叶面喷肥存在的弊端,具有效率高、见效快、成本低,不受气候影响,有利于环境保护等优点,有良好的应用前景。

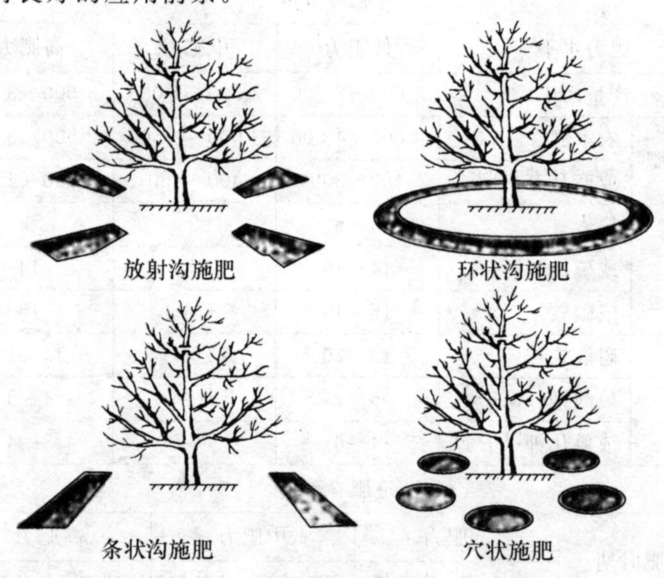

图 9　施肥方法

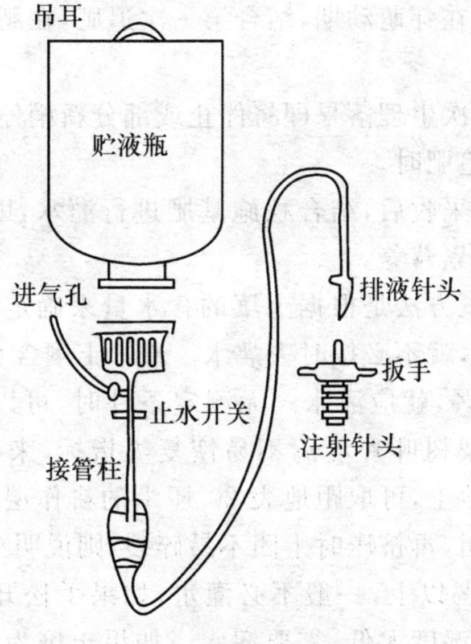

图 10　自动式树干注射器

（三）灌 溉 技 术

梨树是生理耐旱性弱的果树，其叶面蒸腾量大，需水量较多。梨果中 90%左右是水分，水是生命的介质，梨树的一切生命活动都离不开水分。梨树要想高产、稳产和生产优质果，保证水分供应是非常必要的。一个高标准的梨园要做到旱能灌、涝能排，保证土壤经常保持最佳湿度（田间最大持水量的 60%～80%）。

1. 灌水时期及次数

从梨树生长发育来看在春季萌芽、开花、新梢旺盛生长和果实膨大高峰时期需水较多，如果土壤水分不足，必须及时灌水。通常要进行以下几次灌水。

(1)第一次在芽萌动期,结合第一次追肥,在肥后及时灌水,以利于根系吸收。

(2)在第一次生理落果即将停止或部分新梢停止生长时进行,这是在第二次追肥时。

(3)在梨果采收后,结合秋施基肥进行灌水,以提高恢复叶片功能,使树体积累营养。

科学的灌溉方法是根据土壤的含水量来确定灌水,如果天气降雨,土壤湿润,就不必按时去灌水。通常土壤含水量低于田间最大持水量的60%,就应灌水。无测定条件时,可以凭经验来估计土壤含水量和梨树叶片萎蔫不易恢复等指标,来确定是否灌水。例如对壤土和沙土,可取距地表20厘米的耕作层土壤,如果用手紧握能形成土团,再挤压时土团不易碎裂,则说明土壤湿度约在最大持水量的50%以上,一般不必灌水;如果手松开后不能形成土团,则说明土壤湿度太低,需要灌水。如果土壤为沙壤土,捏时能形成土团,轻轻挤压时容易产生裂缝,则表明水分含量少,需进行灌溉。

2.灌水方法

(1)畦灌　在树冠范围内做畦埂(高20厘米左右),灌水时将畦灌满,待水渗下后及时松土保墒。此法灌水量足,灌水均匀。但浪费水和破坏土壤结构是其缺点。

(2)沟灌　在成年梨园的行株间纵横开深、宽各20～30厘米的沟;幼年园则在树冠下开轮状沟,并与行间的输水沟相连;坡地梨园是在树冠内外挖深、宽各20～30厘米、长1米的等高沟6～8条。灌水时将水灌入沟中,使之渗透到土中,使整个根部土壤达到湿润,待水渗下后将沟耙平。本法较前法省水,对土壤结构破坏也较轻。

(3)穴灌(又叫穴贮肥水)　在树冠边缘向内50～70厘米处,

均匀挖6～8个穴，穴深30～40厘米，直径20～30厘米，中间立一个草把，草把直径15 ～20厘米，长度略低于穴深。草把要先在水尿混合液中浸透。回填土时每穴施入过磷酸钙2两，草把上少量覆土并施尿素2两随即浇水3.5～5千克。上覆0.02～0.03毫米厚地膜，8～10年生树4米^2，成年树6米^2。贮穴洼处膜上穿一孔，以施肥水，孔上压一石块。覆膜前按正常管理施入基肥。花后、新梢停长，采果后每穴各施100克尿素或复合肥，施后浇水。雨季每穴再增施复合肥100克。萌芽期至5月中旬每10天浇水1次。5月下旬至雨季每7天浇水1次。雨季停浇。每穴每次浇水3.5～4.5千克。本法节肥省水，特别适合水源紧缺的山地梨园。

（4）渗灌　设有供水压力站，地下埋设干、支、毛输水管道，行行株株相连通。毛管上有很多渗孔，向土中渗入水分。本法特节水，而且不破坏土壤结构，不影响地面工作的正常进行。

（5）喷灌　目前先进的喷灌技术主要是微喷灌。它是在每行树下安装塑料管道，管道与主输水管道及水泵相连，在树间每隔一定距离（视喷头喷洒直径而定）安置一个喷头。微喷灌不仅可调节土壤湿度，增加空气湿度，改善梨园的小气候，还可以施肥，只是成本较高，一般运用不多。

（6）滴灌　是将水通过安装在梨园内的低压管道系统运送到滴头，然后一滴滴地浸润到梨树根系分布的土层，均匀地维持土壤湿度。滴灌比喷灌更节水，也可以施肥，且不破坏土壤结构。但对水质的要求特别高，否则容易堵塞滴头，成本太高是其难以推广的制约因素。

3.梨园排水

在3～6月份的雨季，透水不良的低洼地和地下水位高的地方，梨园都有可能局部积涝。梨树虽然较耐涝，但积水时间过久，对梨树的生长也是极为有害的，可以造成落叶，甚至可以造成死

亡。因此，排水工作也很重要，尤其低洼地更应注意，一定要把各级排水沟疏通，把积水及时排走。黏重土壤和地下有不透层的土壤也易受涝，应打破不透层，建立地下排水沟，沟应深于根系分布层，沟中填入碎石、煤渣，然后填平。多余的水可靠重力渗入排水沟外排。

五、花、果管理技术

（一）保花保果技术

梨树大多数品种自花不实或自交结实率低，需要异花授粉才能结果。当授粉树配置不合理，授粉品种花量少，或开花期天气不良时，往往坐果率降低，导致产量降低，而采取保花保果措施则能大大地提高坐果率，并有效地提高产量。保花保果的具体措施有保叶、高接花枝、挂花枝罐、花期放蜂和人工授粉等方法。在生产中可根据当地情况分别采用。

1. 保叶

叶片是制造营养的器官，保花保果必须先进行保叶。梨树的花芽在头一年 6 月中旬就开始分化，经过漫长的时间，花器官逐渐形成，直到第二年 3 月份才开。如不加强水分管理，不注意防治病虫害，就很容易造成大量落叶，到 8 月份梨树的叶片就基本上落光了，梨树进入被迫休眠的状态。到了气温适宜的 9～10 月份，遇上雨水充足，梨树以为到了春天，就会发出新叶，同时开花。这样本来应该在第二年开的花在头一年就开过了，第二年的开花量自然就减少了，产量自然降低了。有的梨园树叶 8 月份落得较多，而此

时正值梨树进行花芽分化的关键时期，由于没有足够的叶片制造营养，导致花芽分化不充分，第二年虽然花多，但坐果率较低，导致产量下降。因此，保花保果的决定性措施是保叶。

2. 高接花枝

授粉树配置不当或不足的果园，彻底的解决办法是高接授粉品种。即在每棵树上嫁接 1 或 2 个授粉品种的接芽，长成后就能满足授粉的需要。在接芽长成至能开花之前，还是需用其他的授粉方法。

3. 挂花枝罐

把授粉品种的花枝剪下来，插在盛水的瓶子里，挂在需授粉梨树的上部，一株大树需挂 4 或 5 个瓶。这种方法简便，但效果没有上述的好。

4. 花期放蜂

适用于授粉树占全园的 20％以上、配置又较均匀的梨园。开花前 2～3 天把蜂箱安放在园内，每 10 亩放 1 箱较适宜。没有授粉树的梨园可将事先采集的花粉放在蜂箱门口，蜜蜂出入时沾到身上，采蜜时即可传粉。

5. 人工授粉

梨树建园时没有配置授粉品种，或授粉品种配置不当，或花期阴雨绵绵，影响授粉正常进行。遇到上述这些情况，就必须进行人工授粉，才能提高坐果率。

（1）授粉的时期　已开放的花具有受精能力的时期为 5～7 天，但开花后授粉愈早愈好，从上午 8 时到下午 6 时都可以授粉。中午气温高，花粉发芽快，效果更好。

(2)花粉的采集和处理　采集的花粉应是授粉品种树上的花粉。生产上可用若干品种的混合花粉。最好采摘含苞待放的花蕾，将花采回后，尽快把花上的粉红色花药摘下来，集中在纸上摊开，晾干，使花药里的黄色花粉散出来。如急需花粉，可把花粉放在20～25℃恒温箱里烘干，也可将15瓦的灯泡放入纸盒里加温，把花粉烘干，加快花药裂开，使花粉散出。注意温度不宜超过25℃，温度太高花粉失去发芽力。所以，烘花粉时要用温度计时刻掌握温度变化情况。花粉烘出来后，集中放在小瓶里备用。花粉的寿命不长，最好在10天内用完。授粉时每朵花需要的花粉量非常少，为了节约花粉，可在授粉前在梨花粉里加填充剂，如松树花粉、奶粉、藕粉等。稀释量为花粉量的10～20倍，一定要搅匀。

(3)授粉方法　可以把稀释的花粉装在纱布袋中，然后绑在杆头，用木棍轻轻敲打杆子，使花粉撒在花朵的柱头上，用这种方法1公顷盛果期梨园约需750克花粉。还可把花粉混入15%的蔗糖溶液中，然后用喷雾器喷在花的柱头上。用这种方法1亩梨园需0.08～0.1千克花粉。也可用毛笔或铅笔的橡皮头蘸花粉进行点授花朵。给梨树的花进行人工授粉，不需要每朵花或每个花序都授到，只需给位置好、开花正常的花序上的1或2朵花授粉就行了。授粉时只需将授粉器在被授粉花的柱头上轻轻擦一下即可，用力过重擦伤柱头，会影响授粉受精的正常进行。

(二)疏花疏果技术

梨树进入盛果期后，常因花量较大，坐果过多而影响果形大小和品质，从而降低商品价值，同时导致营养失调，出现大小年结果现象。因此，必须进行疏花疏果。

在树体健壮、授粉良好、天气晴暖、坐果率较高的情况下，可提早进行疏花。在花序分离期先疏去多余的花序，一般先疏去弱枝

花、腋花芽花、中长果枝的花，留花序密度以彼此相距 20 厘米左右为宜。在开花时每花序保留 2 或 3 朵边花，去掉中心花和未完全发育的花朵(见图 11)。疏花可用 0.5 波美度石硫合剂在盛花期喷洒，或用西维因 1 500 毫克/毫升在盛花期之后喷洒也有很好的疏花效果。

图 11　梨树疏花(留边花)

疏果一般在早期落果高潮之后，在花落后 2 周左右进行。坐果率高的品种如二十世纪、菊水等可稍早，坐果率低的品种如巴梨、黄蜜等则应迟疏。留果数量应以不削弱树势和不影响第二年产量为原则，依树体生长发育情况、花量、产量指标和果形大小而定。从叶果比(树上总叶片数与总果实数的比例)来看，砂梨的叶果比以(20～30)∶1 为宜。从枝果比(树上总枝条数与总果实数的比例)来看，一般以(3～4)∶1 为宜。还可以根据树干周粗度来确定留果量。即先量出距地面 20 厘米处的主干周长 C，再按公式计算留果量。留果量 $=4\times0.08C^2\times A$。A 为保险系数，疏果时 A 为 1.05，即多留 5%的幼果。例如一株梨树的干周为 40 厘米，其合理的留果量为 $4\times0.08\times40^2\times1.05=538$(个)。

具体疏果时，对弱树果多的树早疏多疏；旺树果少的树，要晚疏少疏。内膛弱枝，多疏少留；外围强枝，少疏多留；留距主干、主枝、枝组近的果实，疏距枝轴远的果实；大果品种各花序预留 1 个，小果品种各花序留 2 或 3 个；疏去病虫果、小果、畸形果，留下的好果应果梗长而粗，果形较长、萼端紧闭而突出、无病虫害，向下着生。

(三)套袋技术

1. 果实套袋的作用

(1)改善果实外观品质　经过套袋后，梨果果点和锈斑颜色变浅，面积变小，果面蜡质增厚，叶绿素减少，果皮细嫩光洁。

(2)改善果肉质地　套袋梨果的肉质口感细腻，是因为套袋后抑制了果内多酚氧化酶和过氧化物酶活性，酚类物质、木质素的形成减少，抑制了石细胞团扩大，使肉质变细。

(3)增强果实耐贮藏性　主要表现是：①果实失水少。这与其果面覆盖蜡质较厚、果点与锈斑面积较小有关；②不套袋梨果进入冷库需要逐步降温，否则易发生果实早期“黑心”，而套袋梨入库时有较强的抗急剧降温能力，早期黑心率极低；③贮藏中果实腐烂少，因为套袋果实病虫(主要是轮纹病、梨小食心虫等)浸染极少，加之带袋采收，机械伤害也少。

(4)减少果实生长过程中病虫为害　各种果实袋(尤其防虫果实袋)均可有效地防止梨小食心虫、黄粉蚜、康氏粉蚧等蛀果、入袋害虫，并能基本控制梨黑星病、轮纹病发生，还可减轻前期椿象的为害。同时，套袋还可防止鸟害和鼠害。

(5)防止果实污染　套袋后空气中的烟尘、杂菌及农药不易进入袋内，果实受污染少。据研究，不套袋梨果在正常防止病虫害的条件下，每 1 000 千克果实农药残留量为 0.23 毫克，而套袋梨果

仅为 0.045 毫克。

近年来，一些梨园套袋后也出现了一些问题，例如套袋后果实可溶性固形物及含糖量降低，果实风味变淡；部分套袋梨果出现缺硼，果面凹凸不平（俗称疙瘩梨）；某些梨园全部果实套袋后，树冠内光照条件变差，花芽发育不饱满，翌年坐果率降低等。这些现象说明，原有的技术管理体系中的某些环节已不适应果实套袋的要求，需要加以调整，即果实套袋后必须有与其相适应的配套技术。

2. 套袋技术

（1）套袋时期　果实套袋应在疏果后、果点锈斑出现前进行。一般要求在 5 月中旬完成疏果，然后喷一次杀菌剂和杀虫剂（注意不使用乳剂，以免锈斑发生），于 5 月下旬前完成套袋。通常套袋越早，改善外观的效果越显著。时间过迟，因果点和锈斑已增大，同时果实易被病虫危害，套袋效果不佳。

（2）套袋方法　梨的果柄较长，果实袋应捆绑在近果台处的果柄上，使梨果在袋内悬空，以防袋纸摩擦果面产生锈斑。对于硬质果柄品种，套袋时应防止损伤果柄与果台处，以防落果。套袋前应使袋体鼓起，并使通气放水口张开（无通气口的应剪口通气）。捆绑时袋口要捆严，防止形成喇叭口，避免药液流入袋内发生药害（见图 12）。

3. 套袋的配套技术

全树果实套袋后，树冠内光强度降低，通风透光条件变差，湿度相对增加，果实周围的小气候环境也发生了较大变化（光照强度变弱，光质改变，湿度增大等），必然对树体和果实产生一系列影响，如果实外观改善、含糖量降低、产生某些缺素症以及花芽形成不饱满等。因此，实行果实套袋以后，必须在整形修剪、适量留果、肥水管理、病虫防治等方面加以调整或改进，以与套袋相适应。

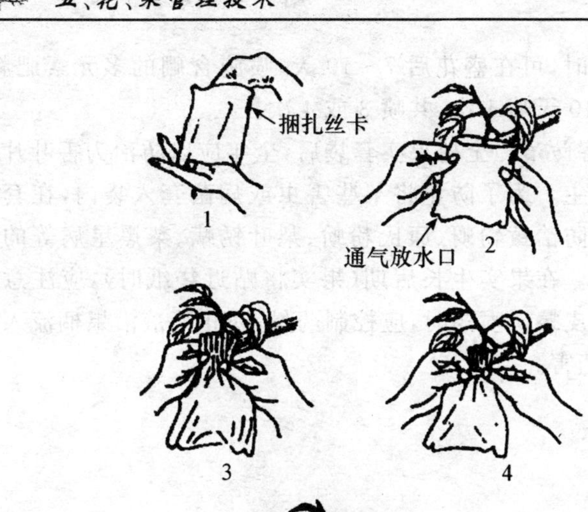

图 12 梨果套袋

1. 托袋底，使袋体膨起；2. 套住幼果；3. 折叠袋口；4. 用铁丝卡捆扎；5. 沿袋口 2 厘米处旋转一周扎紧

（1）整形修剪　应注意降低树高，减少枝叶量，控制叶幕层厚度和叶幕间距，以改善树冠内光照和通风条件。

（2）疏花疏果　全树果实套袋后，优质果比例提高，经济效益显著，因此应减少留果数量，以减少果实袋的遮荫。在疏果时，要特别注意选留果形端正、长形的大果。

（3）防止果实缺硼，增加果实含糖量　要及时增施含硼的多元素肥料（如硼砂、硼酸），可有效防治果实缺硼产生的疙瘩梨，并可增加果实含糖量，使套袋梨的可溶性固形物达到不套袋梨果的水

平。具体应用时，可在盛花后 7～10 天，喷施含硼的多元素肥料，其后每隔 7～10 天喷 1 次，共喷 3 或 4 次。

(4)病虫害防治　全树果实套袋后，全年应以防治为害叶片和枝干的病虫为主。为了防止将某些害虫或病菌套入袋内，在套袋前应喷洒 1 次防治黄粉蚜、康氏粉蚧、梨叶锈螨、梨黑星病等的高效杀虫杀菌剂。在果实生长后期(果实将贴近袋纸时)，应注意防治茶翅蝽和麻皮蝽。喷药时，应控制药量，防止药液沿果柄流入袋内，产生果实药害。

六、整形修剪技术

(一)整 形 技 术

梨树适用的树形很多,目前南方梨产区常用的乔化稀植树形有疏散分层形、延迟开心形和二层开心形等;矮化密植树形有纺锤形、折叠式扇形、斜式倒人字形等。

1.疏散分层型(见图 13)

主干高度 40～60 厘米,有中心干,其上着生 3 或 4 层主枝,稀疏分层排列,第一层主枝 3 或 4 个,第二层主枝 2 或 3 个,第三层主枝 1 或 2 个,有时还有第四层,每个主枝上配备 1 或 2 个侧枝,一般全树有 6～10 个主枝,9～15 个侧枝,树高 3.5 米左右。各层主枝间距离应根据树势强弱而定。生长势强的,第一、二层之间距 80～120 厘米,第二、三层之间相距 50～60 厘米;生长势弱层间距可适当减少。分别为 60～80 厘米与 40～50 厘米,原则是下层距离大,上层距离小。这种树形符合多种梨生长特性,成形较快,结果较早,树冠通风透光,产量较高。

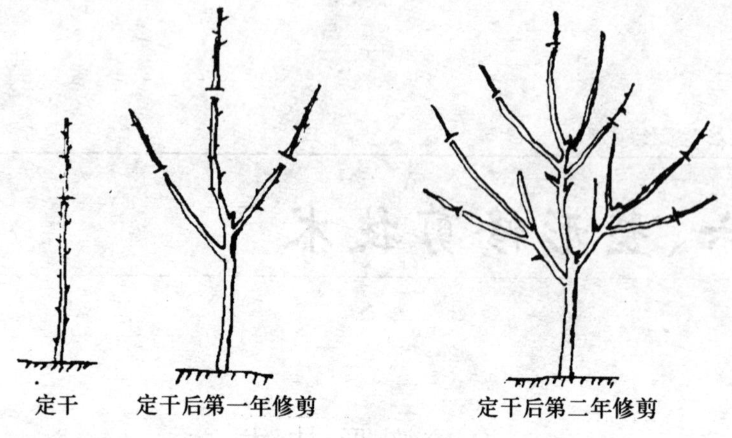

图 13　疏散分层型

2. 延迟开心形(见图 14)

该树形整形的前期与疏散分层形相似，只是当树龄进入盛果期前，树高达3.5米左右时，即落顶，在6、7主枝处将中心干上部

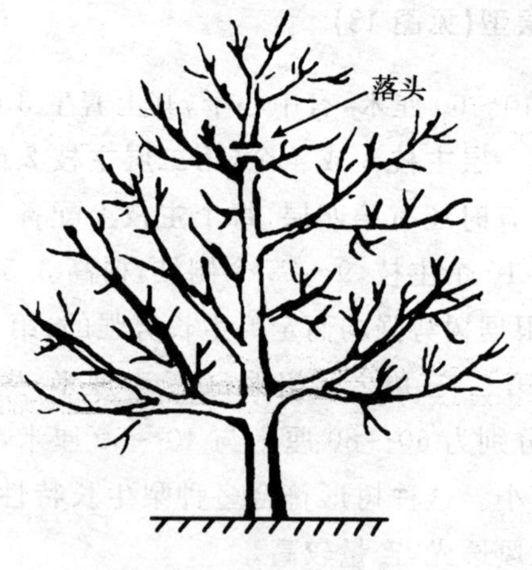

图 14　延迟开心形

截除,使树冠的顶部开心,降低树冠高度,改善树冠内部光照条件。此树形适用于干性强、长势旺的品种,如明月、太白等。

3.二层开心形(见图15)

主干高度40～50厘米,一般有5个主枝,分二层着生。第一层3个主枝,着生角度60°～70°,每个主枝上配备2～4个侧枝,第二层2个主枝,着生角度50°～60°,与第一层相距1～1.2米。两个主枝伸展方向与第一层3个主枝错开,每主枝配备1或2个侧枝。树高3～3.5米,冠径6米左右,当上层主枝形成2～3年后,在最后一主枝上部落头,形成半圆或扁半圆树冠。该树形具有疏散分层形和自然开心形的优点,成形容易,通风透光良好,是近年来应用较多的一种树形。

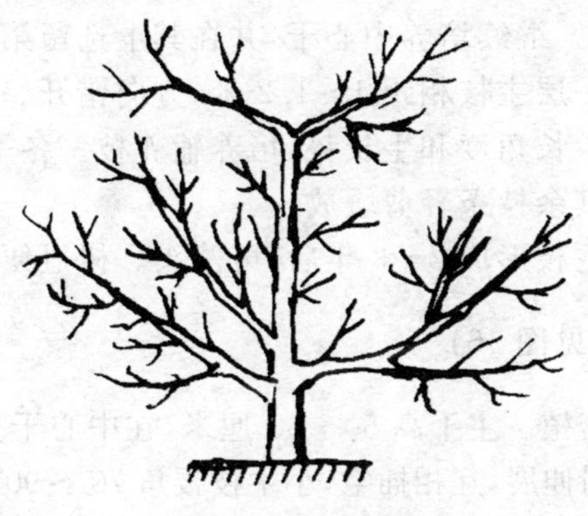

图15　二层开心形

(1)第一年　一年生苗木定植后,离地面70～80厘米短剪定干,注意剪口下要留7或8个充实饱满的芽。春季萌芽后,将离地面50厘米以下的嫩梢全部抹除,作为主干。剪口下第一芽萌发的新梢作中心干培养。第二芽生长势与第一芽生长势相仿,将来长成竞争枝,在枝梢多时常疏除。在枝梢较少时,也可将其角度拉开,培养为主枝。其下各芽抽生的新梢.可选择生长强,势力均衡,

方位错开，相距 10～15 厘米的 3 或 4 个新梢作为第一层主枝培养，其余的作为辅养枝培养。在生长季节将强枝撑开，增大角度，缓和生长势；弱枝扶直，缩小角度，以增强生长势，促使各主枝间生长平衡。冬季对中心干和各主枝留 50～60 厘米短剪。中心干的剪口芽与上次相反，主枝的剪口芽应向外。如主枝生长势不平衡，可按强枝重剪、弱枝轻剪的方法，平衡各主枝的生长势。

(2)第二年　春季萌芽后，调整各主枝延长枝的生长方向，在各主枝距中心干 40～45 厘米处选留一新梢作第一侧枝培养，注意方向错开。夏季将中心干上的新梢在尚未木质化时拉平，留作辅养枝，以缓和生长势，有利于提早结果。冬季对中心干的延长枝及主、侧枝的延长枝各留 40～50 厘米短剪，剪除强旺直立枝，其余的辅养枝可缓放或轻度短剪。

(3)第三年　继续培养中心干，并在其上选留第二层主枝。第二层主枝与第一层主枝相距 1～1.2 米，方向错开。夏季注意调整第二层主枝的生长角度和生长势，培养辅养枝。冬季对主、侧枝短剪 1/4 左右。其余枝条轻剪缓放。

当第二层主枝形成 2～3 年后，可落头。树冠便基本成形。

4.纺锤形(见图 16)

适于中度密植。主干高 50～60 厘米，在中心干上着生 10～15 个小主枝向四周伸展，互相插空，小主枝腰角 70°～90°，用拉、撑法开张。小主枝上配置中小枝组，树高 2.5～3 米，树冠呈纺锤形。

5.折叠式扇形

适于高度密植。整形方法是：选 1 级壮苗定植后将苗顺行向拉成水平，在弯曲处背上选一好芽，在芽的上方刻伤，促进抽生出第二层主枝。注意抹除被刻伤芽以下的萌芽。夏季在主枝上抽生的新梢，用拉枝、坠枝法拉坠成水平或下垂状态，用以培养枝组。第一主枝上刻伤抽生的第二层主枝要注意培养和保护，使其处于

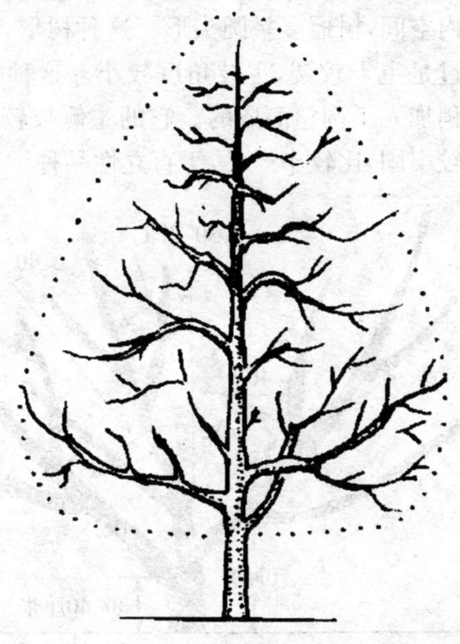

图 16 纺锤形

直立旺盛生长状态。第二年冬将新生主枝向第一主枝的相反方向拉成水平,距地面 1 米左右。在第二主枝弯曲处选一好芽,在其芽上方刻伤。每年用同样方法培养第三、四、五主枝,处理直立枝,保持新生主枝优势。最后达到 5 个主枝,同侧主枝间距 1 米,各主枝上配置中小型结果枝组,控制过大、过强枝组。应特别注意,对直立主枝要控制并防止树体上强下弱。开始大量结果后,将第一主枝逐年回缩,最后形成 4 个主枝。以后的工作是,加强对结果枝组的修剪,以保持连年丰产。

6. 自然开心形(见图 17)

主干矮,40 厘米左右,无中心领导干,主干上分生 3 或 4 个主枝(有 3 个主枝为 3 挺身,4 个主枝为 4 挺身)。各主枝与中心垂直线呈 30°～35°角向外斜伸,在主枝的中上部并留有 2 或 3 个内向生长的大

型枝组，占领膛内空间，树冠多呈圆头形。这种树形，成形后与开心形有些相似，只不过是主干较矮，主枝角度较小。这种树形多是在自然生长的基础上，稍加人工调整而成的。它的主侧枝较少，通风透光好，造型容易，骨架较牢固，比较丰产，适于直立性品种。

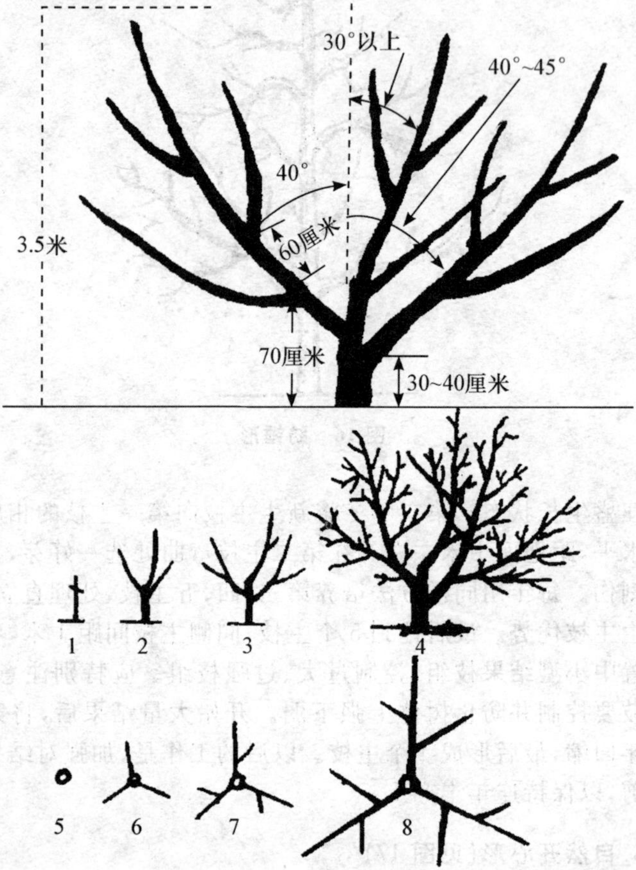

30°以上
40°~45°
40°
60厘米
3.5米
70厘米
30~40厘米
1 2 3 4
5 6 7 8

图 17　自然开心形的整形过程

1～3. 第一至第三年整形；4. 完成基本整形侧面图；5～8. 平面图

（二）修剪技术

幼树经过3～4年的整形修剪后，即可进入结果期。在结果初期还要继续培养树形，完成整形时期的任务。进入结果期后，应合理修剪，调节生长与结果的矛盾，防止大小年发生和树体早衰，为获得高产、稳产和延长盛果期创造条件。下面将各类枝梢的一般修剪方法介绍如下。

1.中心干的修剪

进入结果期后，仍需要继续扩大树冠，对中心干延长枝短截1/5～1/3，对各层主枝已全部长成，树冠不需要继续扩大时，可对中心干延长枝留弱芽重剪或用弱枝换头，若树高达4～5米时，可在有三叉枝处截顶，实施“落头开心”，但不可一次性大剪大锯，造成伤口太多，影响树势和产量，应先对中心干缓放结果，待生长势转弱后再逐步回缩。

2.主枝和侧枝的修剪

主枝和侧枝的修剪要注意树体平衡和从属关系，其剪留程度应依品种、树龄、树势而定。凡生长势强的，宜轻度短剪，生长势弱的，剪截可稍重。一般以留30～40厘米短剪为宜。

梨树大多数品种结果初期分枝角度小，树势偏旺，花芽不易形成，产量较低。因树冠直立、枝条密集而大量疏枝，也不宜过多短截，应该采用撑、拉、里芽外蹬法开张角度，缓和树势，提早结果。

3.辅养枝的修剪

梨树成枝力弱，幼年树应适当多留辅养枝，可利用其制造养分，辅助骨干枝加快生长，扩大树冠和增加骨干枝粗度，并可提早

结果。但随着树龄增大，对辅养枝要及时加以控制，一般可采取加大角度、环割或环剥；去直留斜，去强留弱，连年缓放等方法，缓和其生长势，促进花芽分化。

4.结果枝组的培养和修剪

(1)结果枝组的培养　结果枝组都是由一年生枝通过缓放、回缩、短截和刻伤等多种修剪方法逐年培养出来的，所以除骨干枝的延长枝外，其余的各类枝条，只要有足够的空间，都应培养成为各种枝组。结果枝组可分为大、中、小 3 种。凡具有 2～5 个分枝的为小型枝组，6～15 个分枝为中型枝组，15 个分枝以上的为大型枝组。各种枝组在一定条件下可以相互转化。结果枝组的培养方法主要与以下 6 种。

● 先放后缩法：多用于中枝，少数用于长枝。第一年不剪，第二年根据长势回缩到有分枝处或第三年结果后回缩到分枝处。

● 先放后截法：多用于中枝，第一年不剪，第二年在延长枝基部短截。

● 先截后缩法：多用于中枝和长枝。第一年根据枝条着生位置和强弱，进行不同程度的短截，第二年去强留弱，回缩到有弱分枝处。

● 先截后放法：多用于中枝。第一年短截，如生长不旺，第二年可缓放。

● 连截法：第一年短截，第二年对其分枝继续进行短截。以培养中、大型枝组。

● 连放法：第一年和第二年都不剪，任其自由生长，分生中短枝。

结果枝组的培养方法依品种特性、树龄、树势、枝条着生位置等而异。对于花芽易形成的品种，如黄花、菊水等，可采用先截后放或先截后缩法，根据树势强弱对一年生营养枝留 1/3～1/2 短截，次年萌发的新梢，即可形成花芽，从而成为小型结果枝组；对于生长势强、花芽难形成的品种，如明月、来康等，应采用先放后截或先放后缩，甚至连放法，待下部分形成花芽后，再短截或回缩，便于形成中、小型枝组。如果树冠空间大，可采用连截法，对中、小型枝组的延长枝进行短截，将其培养成大型枝组。

结果枝组在骨干枝上的配置，应本着“多而不挤，疏密适度，上下左右，枝枝见光”的原则，一般每米骨干配置8～10个枝组，以中、小型枝组为主。下层主枝上的枝组应多些，上层主枝和中心干上枝组可少些；主枝前部枝组宜小宜少，中后部枝组宜大宜多；下层角度开张的主枝，枝组可稍多些，反之可少些。目标是大、中、小各类枝组配置合理，光照充分，立体结果。

盛果期以后，树势逐渐减弱，枝组的结果能力也日益降低。需逐年分批对衰老的枝组进行回缩复壮，对已无复壮可能的小型枝组，应该疏除。

(2)结果枝组的修剪　要遵循交替结果、轮换更新的原则，对枝组内某些枝条进行短剪和回缩，对另一些枝条就必须缓放或轻剪，即所谓“一抬一压”、“一长一短”的修剪方法。对于幼龄结果枝组，生长结果能力较好并有发展空间的，应让其向空间方向发展。如无发展空间，可对顶端分枝去强留弱，加以控制。中期的结果枝组，要维持其中庸的生长势，采取三套枝修剪法，即结果枝、成花枝、营养生长枝各占1/3。当枝组后部略显衰弱时要及时短截后半部的分枝，疏除部分花芽，恢复枝条的生长势。对于后期的结果枝组，由于分枝较多，导致养分运输不畅，生长势下降，结果能力变差，可将枝组回缩至强枝壮芽处，同时疏除枝组内的衰弱枝和部分花芽，选强枝带头，进行中度短截，促其生长。

在同一枝组内，已经形成花芽的结果枝，一般应保留结果；没有形成花芽的营养枝，可缓放促花，也可短截发枝。对经缓放后形

成结果枝的多年生枝要适度回缩，一般粗度超过 1 厘米者留 5～8 个花芽（或短果枝），粗度小于 1 厘米的留 3～5 个花芽（或短果枝），以保证其正常结果和抽生良好的果台副梢。

梨树花芽萌发后抽生的极短新梢，坐果后膨大，称为果台。果台基部着生少数叶片，并在当年可抽发 1～3 个副梢，一般以 2 个居多。如果营养适当，果台副梢当年可形成花芽，修剪时可疏一留一，或截一留一。如果营养失调，则成为叶丛枝或营养枝，抽生 2 个以上的可去一留一，叶丛枝留强去弱，营养枝则去强留弱。如果营养不足，果台可能不发生副梢，可以"破台"，即剪除果台的一部分，促使潜伏芽萌发成枝，必要时可以"除台"，即将果台全部剪除，促使下部发生更新枝。

梨树的果台经过多次结果分枝，形成短果枝群。对于某些品种而言，短果枝群是其主要结果的部位。由于短果枝群本身没有营养枝，所以修剪时必须仔细地疏剪和回缩，防止分枝太多、太密，以维持短果枝群的健壮。修剪的原则是：疏中留侧，疏上留下，疏弱留强，疏密留稀，疏远留近。

（三）衰老树的更新复壮

梨树生长到 30～50 年时即开始衰老，表现在结果枝组衰弱或枯死，主枝先端抽生的新梢很少，甚至不能抽生，结果量下降，树势减弱。此时应加强其营养生长，进行更新复壮。修剪时，对骨干枝进行较重的回缩，一般在有强壮分枝处剪截。对结果枝组进行疏剪或回缩。过密的衰弱枝组应适当疏除，过长的多年生枝组，回缩到壮枝、壮芽处。这样减少了枝量，缩短了养分运输距离，有利于树势的恢复。在对衰老树进行更新复壮时，要同时加强肥水管理和病虫害的防治工作，以取得更好的效果。

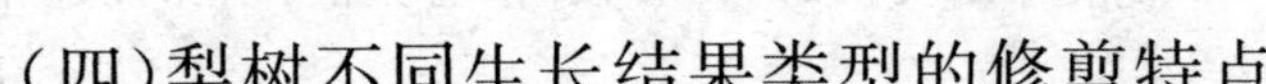

（四）梨树不同生长结果类型的修剪特点

梨树种类品种较多，生长结果特性也有较大差异，因而在修剪上也有不同的特点，下面介绍不同类型的修剪特点。

1. 短枝型

一般树势较弱，树冠半开张，长枝少，短枝多，花芽极易形成.以短果枝和短果枝群结果为主，如二十世纪、湘南、抵园、八云等。整形时，应多留枝、多短截。主枝数目为6～8个，侧枝数量依栽植距离和主枝数量而定。如距离窄，主枝多，侧枝可少配，反之则多。骨干枝间隔距离可小于70～80厘米，其延长枝一般重剪，以保持全树的生长优势。对于枝组，可采用先截后放或连截法进行培养。对中、长果枝上的花果一律不要，作为营养枝进行短截，疏除病、弱和多余的短果枝，以保持一定的叶、花比例，促进营养生长。

2. 长枝型

一般树势强，树冠半开张，长枝多，短枝少，成枝力强，花芽不易形成。果台副梢的抽生能力因品种而异，但都不易形成花芽而连续结果，短果枝群较少。该类型品种主要有明月、巴梨、来康、铁头梨、苍溪梨等。整形时设置5～7个主枝，树高3.5米左右时落头开心，有利于通风透光，骨干枝间隔距离可增大至1米以上。其延长枝的修剪宜轻，可剪至弱芽处，或者用弱枝换头，以缓和生长势。树冠外围和上部过密枝条要适当疏除。结果枝组的培养宜用先放后截或先放后缩法。对一年生枝进行缓放，待其形成结果枝后，留若干短果枝短截或回缩。因果台副梢不易形成花芽，不能连年结果，故对全树必须采取一部分枝缓放促花，一部分枝开花结

果，另一部分枝短截发枝的"三套枝"修剪方法，以保证连年结果丰产。

3. 中间型

树势中庸，花芽形成较易，长枝、短枝数量多，以短果枝结果为主，但也有一部分中、长果枝。如今村秋、严州雪梨、杭青、黄蜜等都属于此类。此类在整形时一般留 6 或 7 个主枝，骨干枝相互间隔 1 米左右，其延长枝剪去 1/3～1/2。枝组的培养可采用先放后缩法或先截后放法，空间大时先截后放，空间较小时先放后缩。树势强时可多疏剪，少短截；树势转弱时，宜多短截，少疏剪以增强树势。结果初期树保留中、长果枝结果，成年树树势转弱时，用短果枝结果，短剪中、长果枝促进营养生长。

4. 直立或半直立型

这种类型的树势较强，树冠较直立，长枝少，短枝多，以短果枝和短果枝群结果为主，如晚三吉、黄花、丰水、菊水、七月酥、长十朗等均属于此类。整形时，留主枝 6 或 7 个，分层排列，骨干枝相距 80～100 厘米，其延长枝剪除 1/3～1/2。注意尽量开张角度，增加枝量，竞争枝可在生长期拉平，促其转化为结果枝组结果，靠枝叶和果实的重量将主枝角度拉开。枝组的培养宜采取先放后截法，将背上枝拉平以缓和生长势，疏剪时要留枝，以促发中短枝，防止骨干枝光秃。如果枝组较少，可在骨干枝光秃部位的中间枝上刻伤，促进营养枝萌发。幼壮树可以保留中、长果枝结果，将较弱的结果枝当作营养枝修剪。

七、病虫害防治技术

梨树的病虫害较多，据调查记载，我国梨树的病害有80余种，虫害600多种，其中危害砂梨的主要病害有10余种，主要虫害30多种。这些病虫害是影响梨果生产的重要因素，若不及时防治，就会造成大量落叶落果、树体生长衰弱、产量下降、果实品质降低，从而严重影响经济效益。某些病虫害发生严重时还能导致植株枯死、梨园毁灭。因此，适时而有效地防治病虫害，就成为梨果优质丰产综合技术中的非常关键的环节。

（一）病害防治技术

1. 梨轮纹病

梨轮纹病又叫粗皮病。梨轮纹病属真菌性病害，是梨的主要病害之一，主要为害梨树枝干和果实，也能为害叶片。

（1）症状　枝干被害时，从皮孔侵入，以皮孔为中心产生褐色近圆形病斑，以后逐渐扩大为近圆形或扁圆形的暗褐色病斑。后期病斑周缘下陷与健康树皮分裂开，成为一个坚硬的病疣。常两三个病斑连成一片成不规则形病斑，多未烂到木质部。次年病斑上产生许多黑色小粒点，即病菌的分生孢子器。枝干树皮受害严

重时，病斑密集成片，树干表皮变得非常粗糙，所以又称粗皮病。果实发病多在近成熟期或贮藏期。初期以果点(皮孔)为中心，发生水渍状浅褐色至红褐色圆形坏死斑，并有同心轮纹。病果十几天可全部腐烂，并流出茶褐色黏液，发出酸臭气味，最后干缩成僵果。叶片被害后，产生不规则形褐色病斑，有时有轮纹，最后变为灰白色。严重时叶片焦枯、脱落。

(2)发病规律　梨轮纹病以菌丝、分生孢子器或子囊壳在树干病部处越冬。第二年3～4月份开始散发分生孢子，5～7月份散发最多。孢子借风雨传播，在气温20℃以上，相对湿度75%以上，降雨量在10毫米时，病菌孢子可大量发生，并随风雨传播，传播距离为10米左右。病菌孢子在果实、枝条等器官上萌发后，经皮孔侵入。侵入枝干时，15～20天后形成新病斑。浸染梨果时，落花后10天左右的幼果即可被浸染，一般以5～7月份感染最多，但染病的幼果常不表现症状，多在近成熟期或采收后7～25天内表现症状。大枝干上，一年有春、秋两次发病高峰。叶片多从5月开始发病，6～7月份发病较多。

该病发生轻重与环境条件及品种有较密切关系。一般干旱年份发病轻，温暖多雨年份发病重。偏施氮肥过多，尤其是喷洒尿素时发病多。弱树比壮树发病多。在梨的品种中，砂梨品种最易感病，尤以二十世纪、江岛、金水3号、八云、菊水、幸水等品种发病最重。

(3)防治方法

• 加强栽培管理，增强树势：梨轮纹病属于弱寄生菌，若树体强壮，则病菌为害明显减轻，因此增施有机肥，适当控制结果量，以培育壮树，能提高树体抗病力。

• 减少菌源：枝干病斑是果实与叶片发病的主要病菌来源。在生长季节发现病叶、病梢、病果时要及时摘除，在冬季或春季梨芽萌发前刮除病皮，剪去病枝，并集中烧毁，之后喷福美砷或多菌灵100倍液或20%浓碱水。

● 药剂防治：在梨树萌芽前进行消毒，可用5波美度石硫合剂加500倍液的五氯酚钠进行树冠喷雾。生长期可喷药保护，梨幼果期不抗浸染，为防止烂果，应加强幼果期的保护。常用杀菌剂有：50%多菌灵可湿性粉剂800～1 000倍液，50%退菌特600～800倍液，62.25%仙生600倍液，80%大生米-45800倍液，70%甲基托布津(甲基硫菌灵)800倍液，80%敌菌丹800～1 000倍液，5%安索菌毒清水剂400～500倍液，或1∶(1.5～2)∶(200～300)倍波尔多液等，任选一种都可以。一般从落花后10天左右开始喷药，到果实膨大结束时止，隔12～15天重复1次。共喷5或6次。雨水多时应增加喷药次数。通常采用有机杀菌剂与波尔多液交替使用。采果前喷1次灭菌丹加代森锌，有利于防止果实贮藏期发病。

● 梨果套袋：适时采用梨果套袋技术也可减轻果实受害。

2.梨黑星病

梨黑星病又叫疮痂病、雾病，我国南方气候温暖多雨，适宜该病的发生。

(1)症状　梨黑星病可为害梨树的叶片、果实、芽、花柄、新梢、叶柄、果梗等部位。受害处先生出黄色斑，以后则在病斑上产生黑色霉层。芽最早发病，被害后鳞片茸毛较多，后期表面产生黑霉，称为病芽梢(俗称乌码子)，严重时芽鳞常开裂枯死。叶片受害时，在叶背面产生圆形或不规则形病斑，病斑无明显边缘，数日后病斑上生出黑色霉层。严重时叶片正面变黄、变红或呈红绿相间的斑纹。叶柄也易感病，发病后的病叶逐渐枯死，提早落叶。花序受害，花萼和梗基部均可呈现黑色霉斑，随之叶簇基部也可发病，致使花序和叶簇枯死。果实感病，先发生淡黄色圆形小病斑，渐次扩大至5～10毫米，以后病斑表面产生黑色霉层，病部生长停止。幼

果受害常不能长大而造成落果。较大果实受害虽不落果，但因病部木栓化停止生长而成为畸形果。果实受害部位的果肉变硬，带有苦味。果实上的病斑常随着果实的长大而渐渐凹陷并龟裂。新梢幼嫩部位最易感病，呈黄褐色、豆粒大小的斑，后期病斑逐渐凹陷，干缩龟裂，最后使嫩梢枯死。

(2)发病规律　梨黑星病是一种真菌侵染引起的病害。病原菌以分生孢子和菌丝在被害的芽鳞、病芽、病梢、病果及落叶上越冬。第二年春季气温回升，空气湿度大时，病部产生新的分生孢子，经风雨传播，浸染为害。病菌分生孢子萌发后先侵害花序和新梢基部，这些部位被侵害后即成为新的病源中心，向周围扩展蔓延，进行再浸染。

梨黑星病的发生流行与降雨多少、湿度大小有密切关系。雨水多、湿度大的年份或季节发病重，易流行，天气干旱的年份则不易侵染。不同品种的被害程度也不同。

(3)防治方法

● 严格清园消毒：秋冬季清除果园枯枝落叶，发病期及时摘除病梢、病果等，并集中烧毁，可减少菌源，减轻受害。

● 花期及时摘除病花序。

● 及时喷药防治：谢花后喷 1 次 62.25%仙生 600 倍液，隔 12～15 天重复 1 次，以后发现少量病枝叶，及时剪除，如果发现病发生较多，则用 80%大生米-45800 倍液与仙生 600 倍液交替喷雾防治，也可以选用 50%退菌特或 50%多菌灵 800 倍液，65%代森锌可湿性粉剂 500 倍液，45%代森铵水剂 1 000～1 200 倍液，6%氯苯嘧啶醇(乐必耕)1 000 倍液，12.5%特谱唑 2 000～2 500 倍液。上述药剂任何一种即可，也可几种药剂交替使用，一般 10～15 天喷洒 1 次，共喷 6 或 7 次。但连续使用乐必耕的间隔期不宜小于 21 天，否则易烧叶。为防止喷药后雨水冲刷，提高防治效果，喷药时可加入 0.1%皮胶或豆汁或 0.1%～0.2%“6501”黏着剂，以增加药液的黏着性。

3.梨树腐烂病

梨树腐烂病又叫臭皮病，在我国各梨区均有发生。

（1）症状　梨树腐烂病是由一种弱寄生性真菌侵染所致，有潜伏侵染的特性。梨树树干、枝条上普遍带菌，在树体健壮时，病菌呈潜伏状态，不表现出来；只有当树体或局部枝干衰弱时，病菌才开始迅速繁殖，导致发病。发病时主要为害枝干的树皮，症状有溃疡型和枝枯型两种。溃疡型在发病初期病部稍肿起，水渍状，红褐色至暗褐色，用手指按压稍下陷。病斑多呈圆形或不规则形，常溢出红褐色汁液，有酒糟味。抗病品种仅烂至树皮表层，下面再形成新的皮层；感病品种可烂到木质部，使病部底层不能再生新皮，以至造成死枝、死树。病斑发展到后期则失水干缩，使病皮与健皮交界处裂开，病皮表面产生黑色颗粒状小粒点，天气潮湿时涌出淡黄色分生孢子角。

枝枯型在小枝上或弱树主干上发病，病斑无明显水渍状，病、健树皮界限不清，扩展迅速，很快将枝条树皮烂一圈，造成枝条干枯死亡，病皮表面密生黑色小点。

（2）发病规律　梨树腐烂病以菌丝体、分生孢子器在病皮内越冬。春季树体萌动时病菌恢复活动，病斑开始扩展，3～4月份病斑扩展最快。病部的分生孢子器遇雨水产生淡黄色孢子角，以分生孢子随风雨传播，并经树皮伤口侵入健皮进行再浸染。一般老树、弱树发病重，树势强健发病很轻。幼树发育旺盛，自然愈合力强，感染腐烂病也少。在树干上，一般阳面发病多，阴面发病少。该病病斑在春、秋季有两个扩展高峰期。

梨品种间对腐烂病的抗病性不同，如砂梨中的幸水发病重，而丰水、新世纪较轻。

(3)防治方法

• 预防:加强栽培管理,控制果实负载量,增强树势,提高树体抗病力,是防治腐烂病的根本措施。

• 结合修剪及时剪除病枝和刮除病斑:刮治时,应力求做到刮口光滑平整,将所有腐烂部分刮除干净,并适当刮去一些健康组织,然后涂药,常用药剂及浓度为30%腐烂敌30倍液,腐必清油剂原油或腐必清水剂2～5倍液,843康复剂原液,5%安索菌毒清水剂100～200倍液,苹腐速克灵3倍液,绿树神医9281原液。使用任何一种即可。涂后用塑料薄膜将刮口包扎好。对发病重的果园或品种,应于春季发芽前喷药保护,全树喷40%福美砷或30%腐烂敌100倍液。

4.梨树干腐病与干枯病

梨树干腐病在各梨产区均有发生,主要为害苗木和幼树。梨树干枯病又名胴枯病,主要为害苗木和结果大树枝干的树皮,是梨树枝干的重要病害之一。

(1)症状

• 梨树干腐病:苗木和幼树受害时,树皮出现黑褐色、长条形病斑。病斑微湿润,质地较硬,多烂到木质部。病斑扩展到枝干半圈以上时,病部以上叶片萎蔫,枝条枯死。后期病部失水凹陷,周围龟裂,密生黑色小点。此病也可为害果实,使果实腐烂,症状同轮纹病。

• 梨树干枯病:苗木发病时,树皮表面先出现污褐色圆形斑点,微具水渍状,以后逐渐扩大为暗褐色、椭圆形或不规则形斑,多深达木质部。病部失水后干缩下陷,病健交界处龟裂,病斑表面生出许多小黑点。大树受害时,在主干和大枝树皮上产生褐色凹陷小病斑,以后逐渐扩大为红褐色椭圆形或方形病斑,稍凹陷,病健交界处形成裂缝,表面生有黑色小粒点。

梨树干腐病与干枯病在发病初、中期不易区分，症状大体区别是：干腐病的病斑上下方向扩展较快，病斑多呈梭形或长条形，色较深，略带黑色。干枯病扩展较缓慢，病斑多呈方形或椭圆形，色泽略浅。

(2)发病规律　梨树干腐病病原菌以菌丝体、子囊壳和分生孢子在病部越冬。病菌孢子借风雨传播。病斑全年均可缓慢扩展，以春、秋季扩展较快。苗木和幼树施氮肥过多、枝条徒长发病重。土质黏重、排水不良和春秋季干旱均有利于发病。

梨树干枯病以菌丝体和分生孢子器在病皮内越冬。春季气温回升，越冬的菌丝体恢复活动，病斑开始扩展。春、秋季扩展较快，夏季高温时扩展缓慢。同时，越冬的分生孢子器遇雨水涌出分生孢子，借风雨传播浸染。干枯病主要为害10年生以下枝条。发病轻重与树势强弱明显相关，树势强发病轻，反之发病重。土壤贫瘠、肥水不足、排水不良、修剪过重和伤口过多时，均发病较重。

(3)防治方法　梨树干腐病与干枯病发病情况相似，其防治方法也基本相同。

• 农业防治：新建梨园时，要严格选用无病苗木，以防通过苗木传播。对苗木和幼树要加强管理，合理施肥，控制枝条徒长。干旱时应及时浇水，沥涝时及时排水，防止受旱或较长时间的水淹。对生长过旺的苗木和幼树可叶面喷施125毫克/升的多效唑，抑制徒长。对弱树应增施肥水，增强树势，提高抗病力。结合修剪，剪除病枯枝集中烧毁。

• 药剂防治：苗木生长期对茎干和小枝喷50%退菌特800倍液或喷1∶2∶200的波尔多液，或5%安索菌毒清500倍液。幼树或大树于春季发芽前喷40%福美砷100倍液或5波美度石硫合剂。

• 刮治病斑：对枝干病斑要及时刮除或用刀刻法处理，然后涂药。刮治方法和涂药种类及浓度可参考梨树腐烂病的防治方法。

5. 梨锈病

梨锈病俗称赤星病、红隆、羊胡子等，以梨园附近栽植有桧柏的地区发病较重。

(1)症状　梨锈病主要为害梨的幼嫩部分如叶片和新梢，严重时也能侵害幼果。叶片受害，发病初期叶正面病斑为针尖大小的黄色或橙黄色小圆点，每叶上常有病斑几个至几十个，逐渐扩大，直径可达4～8毫米，扩大后病斑中部橙黄色，边缘淡黄色，最外为浅绿黄转为红色。表面密生橙黄色针头大小的粒点，即病菌的性孢子器。天气潮湿时其上溢出淡黄色黏液，黏液干燥后，小粒点变为黑色。叶正面病斑稍凹陷，叶背面稍隆起，并在隆起部长出灰黄色毛状物，即病原菌的锈孢子器。一片叶上如病斑过多，常枯死脱落。幼果被害后与叶片被害状相似。新梢、叶柄受害也产生相似症状，病部以后龟裂，易折断。

(2)发病规律　梨锈病的病原为转主寄生的锈菌。转主寄主为各种柏树，其中以桧柏、欧洲刺柏和龙柏为主。本病以菌丝体在桧柏等第二寄主病部组织中越冬。早春菌丝活动后产生冬孢子堆，4～5月份遇雨吸水膨胀，形成胶质冬孢子角。冬孢子萌发后产生担子，并在其上形成担孢子。担孢子不能直接侵害桧柏等柏树，而是在梨树展叶期借风力传播到梨树上侵染叶片、新梢和幼果。担孢子的传播距离约5 000米。被侵害的梨叶6～10天在正面出现病斑。以后则在病斑上产生性孢子器，性孢子器经虫媒传播使两性结合，形成锈孢子腔，产生锈孢子。锈孢子不能直接侵染梨树而再传播至柏树上侵染柏树。病菌感染柏树后即在其上越夏、越冬，翌年再形成担孢子传播到梨树上为害。

春季多雨、温暖的条件下梨锈病易大流行，春季干旱则发病轻。

(3)防治方法

● 减少中间寄主:凡距梨园 5 000 米范围内的零星桧柏、龙柏等转主寄主应当砍除,切断其传播途径,是彻底防治梨树锈病的根本措施。

● 药剂防治:2 月下旬至 3 月上旬在桧柏上喷 1～2 波美度石硫合剂或 350 倍液五氯酚钠,杀灭越冬后的冬孢子和担孢子;3～4 月份经常检查梨树,发现叶片上有橙黄色病斑时开始喷药,可在梨树开花前和落花后各喷 1 次 200～240 倍液的波尔多液。也可用下列任何一种药剂喷洒:65%代森锌 500～700 倍液,40%福美砷 500 倍液,25%三唑酮(粉锈宁)可湿性粉剂(或 15%乳油)1 000～1 500 倍液,20%萎锈灵乳剂 200 倍液。雨水多的年份,落花后应增加喷药次数。

6. 梨的病毒病害

梨的病毒病及其类似病害发生日趋严重,影响树势、产量及品质,甚至造成大量梨树死亡。我国梨树主要感染 4 种病毒,即梨环纹花叶病毒、梨脉黄病毒、苹果茎沟病毒和榅桲矮化病毒,而且这 4 种病毒在梨上均呈潜伏浸染,不表现症状,且多为复合浸染。

梨树病毒病目前尚无有效的药剂防治方法,防治梨树病毒病最根本的措施是繁殖和栽种无病毒苗木,建立无病毒果园。主要应采取以下措施:①加强梨苗检疫,防止病毒扩散蔓延。首先应建立健全无病毒母本树的病毒检验和管理制度,把好检疫关。②建立无病毒苗木繁育基地,大量培育无病毒苗木,以便新建梨园时栽种无病毒苗木,并逐步更新老梨园的带病毒梨树。

(二)虫害防治技术

1.梨小食心虫

(1)分布与为害　梨小食心虫简称“梨小”,又叫桃折梢虫、梨小果蛀蛾等,在我国各梨区均有分布。除为害梨外,还为害桃、李、杏、山楂、苹果等果树。以幼虫蛀食梨果,被害梨果在梗洼、萼洼处留有针头大小的蛀果孔。幼虫最初在果实浅处取食,孔外排出较细的虫粪,周围易变黑。虫龄较大时蛀向果心,果内留有虫粪。幼虫老熟后从果内脱出,果面留有较大的脱果孔。虫害果易腐烂脱落,严重影响梨果的品质和产量。

(2)形态特征　成虫体长5～7毫米,灰褐色,无光泽。前翅同体色,前缘有7对白色短斜纹,翅外缘有一明显白点,是显著特征。低龄幼虫头、前胸背板黑色,体白色。老熟幼虫体长约12毫米,头褐色,前背板浅黄白色或黄褐色,体粉红色。

(3)发生规律　梨小食心虫以老熟幼虫在枝干粗皮裂缝中、落叶、土中、果品仓库内及包装材料上等结茧越冬。每年3或4代。越冬幼虫一般于2月下旬至3月初开始化蛹,越冬代成虫发生于3月中下旬至5月中旬;第一代成虫发生于5月中旬至7月上旬;第二代成虫发生于6月下旬至7月下旬;第三代成虫发生于7月中旬至9月上旬。

成虫傍晚活动,喜食糖、醋液和烂果汁。夜间产卵于叶片和果面上。第一代卵多产在桃树上,幼虫孵化后蛀食桃树新梢,使梢顶嫩叶及梢尖萎蔫枯死。第二代大部分也在桃树上为害,第三代则多为害梨树。一般从6月中下旬梨果开始膨大时为害果实。幼虫大多从梨果梗洼、萼洼和两果、果叶相贴处蛀入,先在浅处为害,后蛀入果心。幼虫老熟后从果内咬一脱果孔脱出,寻找适宜场所化蛹。

梨小食心虫的寄主复杂,有转主为害习性。其为害的轻重与湿度关系密切,空气相对湿度90%以上时,对成虫的产卵、卵的孵化及幼虫的存活均有利。因此,在多雨、湿度大的季节或年份为害重,反之为害轻。梨与桃、李等混栽或邻栽时,常受害较重。

梨小食心虫的卵和幼虫有多种天敌,如赤眼蜂、白茧蜂、扁股小蜂、纵条小茧蜂等,它们在梨区发生普遍,是重要的自然控制因素,应注意保护和利用。

(4)防治方法

• 农业防治:结合冬春季管理,刮除树上粗皮,扫除落叶并烧毁。新植梨园,应尽量避免梨、桃或梨、李混栽,可有效地减少受害。

• 诱杀成虫:利用梨小食心虫性外激素诱芯诱集雄蛾。将诱芯悬挂于树上(高约1.5米),底下放一水盆(盆距诱芯约1厘米),可诱集大量雄蛾。若盆内再加入糖醋液或烂果汁,既可诱集雄蛾也可诱集雌蛾。

• 药剂防治:在桃、李、杏树上着重防治1、2代,梨树上加强3代及以后世代的防治(约从6月中下旬以后开始用药)。一般应根据诱蛾情况,在成虫盛发期喷药较好。常用杀虫剂有50%杀螟松乳剂,或20%氰戊菊酯(速灭杀丁)乳油,或2.5%溴氰菊酯乳油,或20%甲氰菊酯(灭扫利)乳油3 000倍液,25%果虫敌乳油1 500～2 000倍液。

2. 梨大食心虫

(1)分布与为害　梨大食心虫简称“梨大”,又叫梨云翅斑螟,主要为害梨,以幼虫食害梨芽、花序及果实。萌动芽被害,芽基部留有蛀孔,鳞片被虫丝缀连不易脱落。花序、果台被害,常致花序凋萎、枯死。蛀果时蛀孔较大,果内被食一空,果实干枯变黑,但因果柄基部被虫丝缀连而不脱落,此被害状俗称吊死鬼,是梨大食心

虫为害果实的重要特征。

(2)形态特征　成虫体长10～15毫米,暗灰褐色。前翅灰褐色带有紫色光泽,上具两条灰白色弯蓝横带,两带间有一黑色肾状纹。初孵幼虫头黑色,体淡红色,稍大后变紫色。老熟幼虫体长17～20毫米,绿褐色。

(3)发生规律　一年发生代数随各地气温不同而异。南方各地一年发生2代,北方为1～3代。不论几代区,均以1～2龄幼虫蛀入花芽(叶芽)内结小白茧越冬。春季3月下旬至4月上旬花芽膨大时,越冬幼虫开始出蛰,转芽为害。出蛰后7～10天进入转芽盛期。5月上中旬,待幼果拇指大小时转害幼果,常于果顶附近蛀入果中。一头幼虫能为害1～4个幼果,至老熟时从最后一个被害果中爬出到果柄上吐丝,将果柄缠绕于果台枝上,尔后再回到果内化蛹。

5月下旬为越冬代成虫发生期。成虫晚间活动,趋光性不强,多在近黎明时交尾产卵。卵多散产于果实萼洼、芽旁、短果枝及叶痕等处。卵期约7天。幼虫孵化后蛀芽为害,再蛀果为害或直接蛀果为害。此代幼虫完成发育后即化蛹,7月上中旬至8月下旬羽化出成虫,产卵繁殖下一代,以最后一代的低龄幼虫越冬。

梨大食心虫的天敌很多,主要是一些寄生蜂类,如食心虫扁股小蜂、梨大长尾瘤姬蜂、黄框离缘姬蜂、黄足绒茧蜂等,应予保护利用。

(4)防治方法

• 人工防治:结合修剪,将被害芽剪除,春季摘除被害芽、花序,结果期摘除虫果,集中深埋或烧毁。

• 诱杀成虫:利用梨大食心虫性诱剂诱杀雄蛾,可降低成虫交配率和卵受精率。方法同梨小食心虫的诱集法。

• 药剂防治:掌握有利的用药时期是药剂防治的关键。应抓好幼虫出蛰害芽期防治,越冬虫芽率达3%～5%时,于梨芽开绽期及时喷药。害果期防治时以梨幼果脱萼期为用药适期。常用杀虫剂有2.5%溴氰菊酯或20%氰戊菊酯2 000~2 500倍液,50%杀螟松乳剂1 000倍液。另外,也可用75%拉维因可湿性粉剂1 000倍液,于孵化盛期,幼虫蛀果前喷洒,10天左右喷1次,连喷2或3次。

3.康氏粉蚧

(1)分布与为害 康氏粉蚧又叫梨粉蚧、李粉蚧、桑粉蚧,该虫食性杂、寄主多,可为害多种果树。成虫和若虫均能刺吸果树各幼嫩部位及果实的汁液。嫩枝被害后,常发生肿胀,树皮纵裂而枯死。

(2)形态特征 雌成虫无翅,体长3~5毫米,扁椭圆形,粉红色,体表被有白色蜡质物,体周缘有17对白色蜡丝。体前端的蜡丝较短,后端稍长,最末1对几乎与体等长。雄成虫体长约1毫米,紫褐色。具有1对透明的前翅,后翅退化为平衡棒。若虫淡黄色,体扁平,椭圆形,形似雌成虫。初孵若虫体长约0.4毫米。

(3)发生规律 一年发生2~4代。以卵在树干、枝条粗皮缝隙,石缝或土块缝中以及其他隐蔽场所越冬。春季梨树发芽时,越冬卵孵化为若虫,在寄主幼嫩部位刺吸汁液。雄虫羽化时。正是雌成虫形成期,雌雄交配,产卵繁殖。康氏粉蚧产卵时分泌大量棉絮状蜡质卵囊,卵产于囊中,成虫产卵后即死亡。3代区各代若虫的发生盛期为:1代4月中下旬,2代6月中下旬,3代7月下旬。第3代成虫交配后产卵越冬。

康氏粉蚧的天敌主要有草蛉类、瓢虫类等,对其发生有重要抑制作用。

(4)防治方法

- 刮树皮灭卵:冬季或早春刮除梨树老翘皮,消灭树皮缝中的越冬卵。

• 绑草诱卵:晚秋雌虫产卵前,在树干上绑上草或其他物品,诱集雌虫在草把中产卵,冬季或春季卵孵化前将草把等物取下烧毁。

• 药剂防治:早春梨树发芽前喷3～5波美度石硫合剂。各代若虫孵化期喷50%敌敌畏乳剂1 000～1 500倍液,2.5%溴氰菊酯2 500～3 000倍液,或90%万灵粉剂3 000～4 000倍液。

• 果实套袋:及时套防虫袋,可减轻果实受害。

4.梨黄粉蚜

(1)分布与为害　梨黄粉蚜又叫黄粉虫,主要为害梨果,成虫和若虫多群集在果实萼洼处刺吸汁液,形成一堆黄粉末。被害处初期产生黄斑并稍下陷,以后则变褐、变黑,俗称"膏药顶",后期可在果实胴部为害,终至烂果或落果。

(2)形态特征梨　黄粉蚜为多型种,成蚜有干母、普通型、性母和有性型4种。有性型体较小,长椭圆形,口器退化。其余类型形态相似,体呈倒卵圆形,鲜黄色。若蚜体小,形态与成蚜相似,淡黄色。

(3)发生规律　一年发生6～10代。以受精卵在果台、树皮裂缝、潜皮蛾为害的翘皮下、枝干上的缠缚物及卷叶中越冬。春季梨树开花期卵孵化为干母若蚜,在翘皮下吸汁为害。干母若蚜变为成蚜后,即以孤雌卵生方式繁殖。5月上中旬开始向果实上转移,在果实萼洼处吸食为害、产卵繁殖,继而蔓延到果面上。7月中下旬果实近成熟期,为害最重。7～8月份受温度、光照、食物等环境条件的刺激,产生出性母蚜,性母蚜繁殖出雌、雄性蚜,两性交配,产卵越冬。

梨黄粉蚜活动力较差,喜在背阴处栖息为害。温暖干燥的环境有利于发生,低温高湿则对其发生不利。果实套非防虫袋时,黄粉蚜易从袋口潜入袋内,因袋的保护作用,难以受药,易造成为害,必须加以注意。

(4)防治方法

• 刮树皮灭卵:冬季或早春刮除老树皮、翘皮,清理树体上杂物,集中烧毁灭卵。

• 药剂防治:6～7 月份果实上发现为害但未形成褐变时为喷药的有利时期。可以喷 40%乐果乳油 1 000～1 200 倍液,80%敌敌畏乳油 800～1 000 倍液,2.5%溴氰菊酯或 20%氰戊菊酯 3 000～4 000 倍液,50%抗蚜威可湿性粉剂 3 000 倍液等。

• 果实套袋:实施套袋的梨园最好用防虫袋,套袋前须先喷药治蚜。

5.茶翅蝽

(1)分布与为害 茶翅蝽又叫打屁虫,分布于全国绝大多数梨区。寄主有梨、桃、李、杏、柿等多种果树、林木及农作物。为害梨时,以成虫和若虫刺吸梨果的汁液,果实被害部分木栓化,石细胞增多,果面凹凸不平,果实畸形(俗称疙瘩梨),变硬味苦,不堪食用。除果实外也可为害叶片、嫩枝等部位,但被害状不明显。

(2)形态特征 成虫体长 16～17 毫米,宽 8～9 毫米,体扁形,暗褐微带紫色。触角 5 节,黑色,第四节两端和第五节基部黄褐色。前胸背板前方有 4 个横列的黄色小斑,小盾片前缘有 5 个横列小黄斑。初孵若虫白色,体长约 2 毫米,腹部背面有黑斑。以后体渐变为黑褐色,似成虫。

(3)发生规律 一年发生 1 代。以成虫在屋檐、墙缝、石缝、草堆、树洞等处越冬。一般成虫从 4～5 月份开始出蛰活动,先在其他果树、林木等植物上取食,5 月份梨果拇指大小时陆续迁入梨园为害。成虫于 5 月份开始产卵,卵多产于叶背。10 天左右若虫孵化后,先静伏于卵壳上或在卵壳附近取食,经 3～5 天即分散为害。若虫共 4 龄,蜕 3 次皮变为成虫。8 月份初成虫开始出现,9 月份

开始越冬。

茶翅蝽喜干旱的气候条件，雨水少时常发生重。成虫喜在向日葵上聚集。

(4)防治方法

• 人工捕杀越冬成虫。

• 诱杀成虫：在梨园内种植适量的向日葵，于成虫发生期加以诱集捕杀。一般每亩栽 1 或 2 棵向日葵，在成虫发生期每天下午 4 时前，用塑料袋快速套住向日葵，使虫落入袋中，集中杀死。

• 药剂防治：6 月份若虫孵化时喷 80%敌敌畏 1 500 倍液或 40.7%乐斯本 2 000～3 000 倍液。

6.梨二叉蚜

(1)分布与为害　梨二叉蚜简称梨蚜，又叫蚜虫、卷叶蚜等。为害时期一般在梨树发芽至新梢停止生长期，多在新梢的叶片上刺吸汁液并分泌蜜露，常造成叶片从背面向正面纵卷成筒状，严重时产生枯斑而早期脱落。

(2)形态特征　无翅胎生成蚜体长约 2 毫米，绿色，复眼暗红色。体上被有白色蜡粉，腹背各节两侧均具有 1 对白粉状斑，构成两纵行。有翅胎生成蚜较小，体长约 1.5 毫米，灰绿色，复眼暗红色，前翅中脉分二叉。若蚜绿色、无翅，除体较小外，极似无翅胎生雌蚜。

(3)发生规律　一年发生 20 代左右。以受精卵在梨树芽腋或小枝缝隙间等处越冬。次年 3 月中下旬梨芽萌动时越冬卵开始孵化，初孵若蚜群集在芽上为害，当梨叶展开后，转移到叶片正面取食。此时期繁殖快，为害重，尤以梢顶端嫩叶受害最重。4 月下旬至 5 月上旬即梨树新梢生长期是全年为害最重的时期，被害卷叶显著增多。5 月中下旬开始出现有翅蚜，迁飞到狗尾草、茅草等第二寄主上繁殖，6 月中旬后梨树上基本绝迹。秋季 9～10 月间又迁飞回梨树上繁殖为害。10 月末至 11 月初产生有翅的性蚜，雌雄交尾后产卵越冬。

梨二叉蚜性喜干燥温暖的环境条件，春季干旱温暖有利于其发生。草蛉、瓢虫、食蚜蝇、蚜茧蜂等是梨二叉蚜的主要天敌，对其发生有明显抑制作用。

(4)防治方法

● 生物防治：春季应加强田间调查，当天敌多而蚜量增加缓慢时不必急于喷药，以保护利用天敌控制，同时摘除被害卷叶，集中烧毁或深埋。

● 药剂防治：天敌少蚜量增加快时要及时喷药，早春梨芽开绽前至发芽展叶期是药剂防治的关键时期，一旦卷叶后再防治则效果大打折扣。可喷如下杀虫剂：25%灭幼脲 3 号 1 500～2000 倍液，2.5%溴氰菊酯、20%氰戊菊酯或 20%甲氰菊酯 2 000～3 000 倍液，25%果虫敌乳油 1 500～2 000 倍液，1%苦参素 800～1 500 倍液。

7. 旋纹潜叶蛾

(1)分布与为害　旋纹潜叶蛾又叫苹果潜叶蛾。为害时幼虫潜入叶内取食叶肉，残留表皮，并在叶内排泄粪便，粪便排列成同心旋纹状（与金纹细蛾的黑块状不同）。受害重时，叶面形成许多圆形虫斑，引起早期大量落叶，影响产量和品质。

(2)形态特征　成虫体长约 3 毫米，银白色，头顶有一丛银白色鳞毛。前翅基部银白色，端半部金黄色，并有 7 条黑褐色短斜纹，后缘端部有 2 个深紫色大斑，翅缘毛很长。老熟幼虫体长约 5 毫米，体扁纺锤形，污白色。头部褐色。

(3)发生规律　一年发生 3～5 代。以蛹在茧中越冬，越冬场所为枝干粗皮缝隙和落叶。梨树落花后展叶期越冬蛹羽化为成虫。

成虫喜在中午气温高时活动，产卵于叶背，单粒散产。幼虫孵化后从卵壳下方直接蛀入叶内为害。幼虫老熟后从叶内钻出,吐丝下垂,借风力飘移到其他叶背面结茧化蛹,羽化出成虫后繁殖下一代。一般9月份以后,最后一代老熟幼虫陆续进入越冬场所,做茧化蛹越冬。

(4)防治方法

• 人工防治:刮树皮,扫落叶,集中烧毁,消灭越冬蛹。

• 药剂防治:越冬代成虫盛发期是防治重点时期,以后各代也均应在成虫盛发期用药。所用杀虫剂有:25%果虫敌1 500~2 000倍液,30%桃小灵1 000~2 000倍液,50%杀螟松乳油1 000倍液,20%甲氰菊酯乳油3 000倍液,25%灭幼脲3号2 000倍液,20%杀铃脲8 000~10 000倍液。喷药时应注意交替使用几种杀虫剂,同时严格掌握用药时期。

8.梨茎蜂

(1)分布与为害　梨茎蜂又叫折梢虫、剪枝虫、切芽虫等,一般只为害梨树的新梢,成虫产卵时用锯状产卵器将新梢顶端约3厘米处锯伤,使新梢萎蔫下垂,干枯脱落。卵孵化后,幼虫在残留的枝橛内向下蛀食为害,使枝条干枯,影响幼树整形及成年树保持良好的树体结构。

(2)形态特征　成虫体长约9毫米,黑色,有光泽。前胸后部两侧、后胸后部及翅基部黄色。触角丝状,黑色。翅透明,微黄,翅脉黑色。幼虫体长10~11毫米,白色,头部淡褐色。头胸部向下弯,尾端上翘。

(3)发生规律　一年发生1代。以老熟幼虫在被害枝内结茧越冬。第二年2、3月份越冬幼虫化蛹,3月中下旬,3月底至4月上旬为产卵盛期。成虫羽化后先在被害枝内停留3~6天,后咬一圆形孔钻出。早晨和夜间气温低时成虫多静伏在树冠下部的叶背面,中午气温高时飞翔、交尾、产卵。产卵时,雌虫用锯状产卵器在新梢4、5片叶以下处锯一伤口，将卵产在伤口下2～4毫米深处。每头雌虫可产卵20余粒，每个伤口处产1～4粒卵，卵期约7天。幼虫孵出后从伤口处向下蛀食，排泄的虫粪则将虫道紧紧堵塞，被蛀枝条逐渐干枯。6～7月份幼虫老熟后，掉转身体，在被害处做茧休眠。梨茎蜂成虫有假死性，但无趋光性和趋化性。

(4)防治方法

● 人工防治：结合冬季修剪剪除被害枝梢，并集中烧毁，杀灭幼虫。发生重的梨园，在成虫发生期，利用其假死性及早晚在叶背静伏的特性，振树使成虫落地而杀之。

● 药剂防治：受害重的年份或梨园，在新梢长至5～6厘米时(即成虫发生期)可喷药防治。防治用药为50%敌敌畏1 000倍液，40.7%乐斯本2 000～3 000倍液，2.5%溴氰菊酯乳油或20%氰戊菊酯乳油2 000～2 500倍液。

9. 梨金缘吉丁

梨金缘吉丁又名梨吉丁虫、褐绿吉丁虫、翡翠吉丁虫、金缘金蛀岬等。幼虫亦称大头虫、串皮虫等。

(1)分布与为害　全国各梨区均有发生，但以长江流域等地发生多，且有的年份发生极重。除为害梨外，也为害苹果、桃、杏、沙果等果树。幼虫蛀食枝干的树皮和幼嫩木质部，阻碍树体水分和养分的运输，严重削弱树势，当幼虫蛀食主干树皮时，可造成死树。

(2)形态特征　成虫体长13～17毫米，体宽6～8毫米，雄虫略短小。全体翠绿色略有金属光泽。触角黑色，锯齿鞘翅上密布黑色有规则的短断条状纹。前胸背板至鞘翅口缘有一条极为明显的金色带状纹，故称金缘吉丁虫。老熟幼虫体长20～23毫米，乳白色或黄白色。头小，赤褐色。胸部第一节特别宽大，看似头部，故名大头虫。前胸背板扁平，中部有窄“人”形纹。腹部第一节最细，以后各节粗细略相等。卵扁椭圆形，长约1毫米，乳白色。蛹

长11毫米，初期乳白色，羽化前暗紫色。

(3)发生规律　一年发生1代。以幼虫在被害枝干内越冬。4月下旬成虫开始出现，5月下旬至6月上旬出现最多。成虫白天极为活泼，喜阳光，有假死性，若遇惊动则立即坠地假死。成虫羽化后10天开始产卵，产卵期15～20天。6月上旬为产卵盛期。卵经1周左右孵化为幼虫，然后在树皮表层蛀食，以后则深入到形成层中串食，蛀成弯曲不规则的虫道。当虫道相互连片时形成树皮环剥。

(4)防治方法

• 人工防治：及时处理虫害死树，在3月底以前将其烧尽或泡在水中。4月份成虫羽化前，树干捆草绳，注意一圈紧挨一圈，不留缝隙，以阻止成虫羽化飞出。7～8月份幼虫进入木质部之前，人工刮除。早晨露水未干及阴雨天人工捕捉成虫。

• 药剂防治：5月中旬至6月上旬成虫羽化盛期，药剂防治分别喷2次药，80%敌敌畏800～1 000倍液，90%敌百虫800倍液。

10. 刺蛾

(1)分布与为害　刺蛾俗称洋辣子、痒辣子、刺毛虫。属鳞翅目，刺蛾科。除为害梨外，还为害苹果、桃、枣、柿、李等多种果树及杨柳、茶、乌桕等树木，是一种杂食性害虫。初孵幼虫群集叶背，啃食叶肉，残留表皮和叶脉，使叶片成网状薄膜。长大后逐渐分散取食叶肉，使叶片有不规则缺刻，严重时只留叶柄和主脉，甚至叶片被吃光。为害梨树的刺蛾种类很多，其中比较常见的有黄刺蛾、青刺蛾、棕边青刺蛾、扁刺蛾4种，以黄刺蛾发生普遍。应注意的是：幼虫体生毒毛，接触人体皮肤后皮肤会出现红肿、疼痛，遇到这种情况，可将刺蛾掐死，取其体液涂于患处，或涂风油精效果同样好。

(2)形态特征

• 黄刺蛾：成虫体长13～17毫米，翅展28～34毫米。头胸部黄色，前翅外缘有扇形褐色部分，翅基和前缘黄色，上有 2 个褐色小点，后翅淡黄色。老熟幼虫长 19～25 毫米，体短肥，淡黄绿色，背部有一前宽后窄中间细的鞋底形淡紫色斑纹。身体每节有 4 个肉质突刺，以胸部和腹部末端的 4 个刺特别长。卵扁椭圆形，淡黄色，半透明，后变褐色，散产于叶背。茧椭圆形，15 毫米左右，质坚硬，灰白色，上有褐色纵纹。外形极似小雀蛋。内藏黄褐色、椭圆形、短而粗的蛹，结茧于枝叉上。

- 青刺蛾：成虫体长 16 毫米左右，翅展 38～40 毫米。前翅绿色，肩角褐色。外缘有黄色宽带，宽边的内外线略褐，后翅淡黄色。成熟幼虫 25 毫米左右，黄绿色，背线绿色，两侧有浓蓝色点线。从胸到第八腹节各有 4 个瘤状突起，瘤突上有黄色毛丛，腹部末端有 4 丛球状蓝黑色刺毛。卵扁平，椭圆，淡黄色，产于叶背或枝条上，数十粒集聚成块。茧椭圆，略扁平，栗棕色。结茧于树干上。

- 扁刺蛾：成虫雌蛾体长 13～18 毫米，翅展 28～35 毫米。雄蛾体长约 10 毫米，翅展 26～31 毫米。体翅灰褐色，前翅前缘近 2/3 处到内缘有褐色斜纹一条。雄蛾前翅中央有一黑点，后翅灰褐色。成熟的幼虫体长约 24 毫米，淡鲜绿色。体形似龟背，中央隆起，周缘扁平。背线白色。每节横向着生 4 枚刺突，在第四节两侧各有一个红点。卵扁平，长椭圆形，长 1.4 毫米，背面隆起。茧椭圆形，茧壳坚硬，淡黑褐色，鸟蛋状，在树下附近浅土中结茧。

(3)发生规律　刺蛾一年发生 2 或 3 代。以老熟幼虫在枝干、枝叉处、树干周围表土中结茧越冬。第二年 4 月中旬到 5 月上旬化蛹。5 月中下旬羽化。成虫白天静伏叶背，夜间活动，有趋光性。产卵于叶背，散产或数十粒成块。6 月为第一代幼虫发生盛期，下旬开始结茧，7 月上旬开始化蛹。第二代发生期很不一致。10 月第三代幼虫老熟结茧越冬。

(4)防治方法

- 冬季修剪时击破越冬茧，结合冬耕深翻消灭越冬幼虫。

• 保护天敌：击茧时要注意，如果茧上端有一针尖大的小孔者，均已被寄生，不要击破，保护其中的寄生蜂。

• 幼虫发生期药物防治：90％晶体敌百虫1 000倍液，或80％敌敌畏乳剂800～1 000倍液，或灭幼脲3号1 500～2 000倍液。

11.吸果夜蛾

（1）分布与为害　吸果夜蛾属鳞翅目，夜蛾科。种类很多。主要有鸟嘴壶夜蛾、枯叶夜蛾、嘴壶夜蛾、落叶夜蛾、彩肖金夜蛾等。其中为害梨的夜蛾主要是鸟嘴壶夜蛾、枯叶夜蛾和嘴壶夜蛾。成虫以虹吸式口器刺穿果皮吸取果汁，吸孔发黑，孔周围变黄，被害部果肉松泡，并易腐烂，引起早落。采后也不耐贮藏。天黑后到晚上10时为害最重。

（2）发生规律　鸟嘴壶夜蛾一年4代。以蛹和幼虫越冬。南方地区一般全年出现一次为害高峰。第一次在6月中旬至7月上旬为害桃、早熟苹果、梨。第二次在7月中下旬至8月中下旬，主要为害中晚熟梨及苹果。第三次在9～10月份为害梨。常在黄昏起开始活动，翌晨离开梨树。以皮薄、肉质细嫩及香味浓的早熟品种受害严重。幼虫取食于中间寄主——木防己。4～9月份都可发现为害木防己叶片。幼龄幼虫咬食叶片留一层表皮，3龄后食叶成缺刻甚至吃光。幼虫停息时体直伸，体色灰黄与枯树相似不易发现。成虫常在晚间取食，白天有的迁到杂草丛中潜伏。

（3）防治方法

• 清除果园及其附近的幼虫寄主木防己（用除草剂草甘膦＋二甲四氯＋水按1∶1∶60比例配制成除草剂进行喷雾）。

• 夜间人工捕捉成虫。

• 保护泥蜂、螳螂、赤眼蜂等吸果夜蛾的天敌。

• 有条件的地区用纸袋套果，保护果实。

12.天牛

(1)分布与为害　为害梨树的天牛有星天牛、梨眼天牛等。星天牛使梨树生长衰弱甚至枯死。梨眼天牛造成梨树衰弱或枝条折断。星天牛除为害梨树外，还为害苹果、梨、枇杷等多种果树。

(2)发生规律　一年发生一代。以幼虫在树干基部蛀道内越冬。翌年3月下旬开始蛀食树干本质部，5月份化蛹，6月上旬出现成虫。成虫白天啃食细枝皮层，黄昏后交尾产卵。卵多产在离地面不远处的树干上。雌成虫将树皮咬破呈“L”形伤口，卵产于伤口皮下。幼虫孵化后，先环绕树干基部环蛀食皮层，经3～4个月后开始蛀入木质部。幼虫咬碎的木屑和粪渣，部分阻塞孔内，部分推出孔外，粪渣呈粗锯木渣状。幼虫于11～12月份开始越冬。

(3)防治方法

- 人工防治：对幼虫可用铁丝钩杀或用镊子等清除虫粪后，用小刀撬开排粪孔周围皮层，随即塞入52%磷化铝片，每处塞半片，或者用棉花团沾上敌敌畏后塞入孔洞中，之后立即用2%的食盐水拌和的稀泥糊住为害部位，外用薄膜粘贴并扎紧。薄膜可略小于泥封部位。注意取磷化铝片全过程，一定戴口罩，以免中毒。对星天牛成虫，可利用天牛的假死习性摇树捕杀。

- 药剂防治：成虫羽化期，叶面喷90%敌百虫800倍液。

八、果实采收

(一)采收时期

采收时期主要根据种类、品种特性、果实成熟度、果实用途及气候条件等因素而定。一般当果面呈现该品种固有色泽,果肉由硬变脆,果柄易与果台分离,种子变为褐色,果实的化学成分和营养价值达到最佳食用阶段时即为完全成熟。供鲜食的此时即可采收;用作贮藏的可适当提前在八九成熟时采收;加工制罐用的在接近完全成熟时采收。如果不及时采收,任其在树上自然成熟,则果肉变得松软,甚至果心腐烂,失去固有风味。

(二)采收方法

采果总的原则是,既要保证果实完整无损又要防止折断果枝,以保证丰产丰收和避免影响来年产量。采果时用手握住果实底部,拇指和食指提住果柄上部,向上轻轻一抬即可把果摘下,切忌用力向下拉扯,否则易损伤果台和果柄。

采果的顺序,应从树冠外围到树冠内膛,从下到上,依次采收,防止碰掉和砸伤果实。高处的果要在梯凳上采,不能爬树采摘。

对人手无法摘取的梨果，可用采果网套摘。采下的梨果要轻拿轻放，防止人为的碰压伤。采果不宜在下雨、有雾和露水未干时进行，以免果面有水珠而引起腐烂。若必须在雨天摘果时，需将采收的果实放在通风良好的地方，尽快晾干。

果实采下后，就地进行初选，将病虫果、畸形果、小果、伤果等拣出，再将初选合格的果实运至包装地点进行分级。

附　梨树周年管理工作表

月份	物候期	作业项目	工作内容与要求
11月至翌年2月	休眠期	土壤管理	未冬播的梨园，全园翻耕（20～30 厘米），培好行带，清沟
		修剪	要求 2 月底以前完成。树体要求主次分明，结构合理，通风透光。彻底剪除病虫枝、枯枝、僵果，击破刺蛾茧
		刮树干解束草	树体上的轮纹病、翘皮、干腐病和腐烂病伤疤等刮除干净，解下树干上束草，集中烧毁
		清园	修剪、刮干后，接着铲除杂草，扫清枯枝、落叶、树皮及病虫枝、僵果等，与杂草一起集中烧毁
		涂白消毒	树干刮除部分用涂白剂涂白（也可用石硫合剂渣液涂）全园喷一次 5 波美度石硫合剂加 500 倍液五氯酚钠
3月	萌芽开花期	高接换种	2 月下旬开始至 3 月份花芽萌动前，进行高接换种和高接授粉树
		催芽肥	幼年树、成年弱树、花芽过多的树、衰老树都要施催芽肥。土壤瘠薄的成年果园也要适当施催芽肥
		幼树拉枝	上年定植芽苗未摘心的树、幼年树出枝不开张的骨干枝要求拉枝，注意前者要打桩拉枝（桩高 80 厘米）
		疏花授粉	花特多、坐果率高的品种要疏花 缺少授粉品种的果园要人工授粉
		病虫防治	花芽萌动时喷一次仙生＋海正灭虫乳油＋灭幼脲 3 号，防治黑星病、黑斑病和梨木虱、梨大、蚜虫等越冬病虫，行带上撒毒土（西维因、敌百虫等），剪除梨茎蜂被害嫩梢并烧毁

续表

月份	物候期	作业项目	工作内容与要求
4月	新梢生长期 幼果期	摘心 疏枝	幼年树及时摘心，摘心发新梢时配合防治梨芽蚜，未拉好的骨干枝补拉。及早疏去不应留的新梢，包括骑马枝、竞争枝、密生枝、交叉枝、重叠枝、病虫枝，以利节省养分和通风透光
		疏果定果 套袋	第二次生理落果后及早定果，多余的及早疏去，计划套袋的做好套袋的准备工作，及早套袋
		施肥	幼年未结果的树追肥
		病虫防治	谢花后喷仙生 600 倍液＋1％海正灭虫灵乳油，隔 15 天再喷大生米-45800 倍液＋ 2.5％高渗克虱灵乳油 2 000 倍液＋灭幼脲 3 号 2 000 倍液，如果发生锈病则加喷粉锈灵 1 000 倍液，注意军配虫上树时间，及时用药，及时摘除病虫为害的叶、果、枝，集中烧毁
		土壤管理	清沟排渍，行间播种绿肥
5月	果实生长期 枝梢生长期	施肥	1～2 年幼树施复合肥，结果树施壮果肥(下旬)
		病虫防治	月初喷大生米-45800 等针对果园害虫的防虫药，中旬喷特菌唑＋防虫药，及时摘除病虫枝、叶、果，集中烧毁，梨虎为害严重的果园，于 5 月上旬补撒毒土 1 次
		土壤管理	继续清沟排渍，行带中耕、除草、覆盖
6月	果实生长期 枝梢停长期	吊枝撑果	对结果过多的果枝要吊枝，防止枝被压断
		土壤管理	继续覆盖，开始蓄水，防止干旱，天旱时抗旱
		病虫防治	月初喷大生米-45800＋海正灭虫灵乳油＋灭幼脲 3 号，中旬喷一次 1∶4∶200 的波尔多液；注意叶瘿螨的发生，及时用药，继续摘除病虫为害的叶、枝、果

续表

月份	物候期	作业项目	工作内容与要求
7月	果实成熟期 果实生长期	土壤管理	天旱抗旱,防止异常落叶
		果实采收	早熟品种采收
		病虫防治	早熟品种采收后喷仙生+阿维虫清+灭幼脲3号+尿素(0.2%),中晚熟品种针对果园病虫害用药,继续摘病叶等
8月	中熟品种成熟期 晚熟品种生长期	土壤管理	天旱时抗旱,防止异常落叶
		果实采收	中熟品种采收
		病虫防治	同7月
9~10月	晚熟品种成熟期	土壤管理	天旱抗旱,全园翻耕,冬播绿肥
		果实采收	采收晚熟品种
		施肥	采后施基肥(包括中熟品种)
		病虫防治	喷药:仙生+阿维虫清+灭幼脲3号+尿素(0.2%),喷药次数可根据实际情况决定;树干束草,引诱越冬害虫在扎草中越冬

注:

1. 大生米-45800、仙生、特菌唑、果病灵、轮炭净等,每次只用其中1种。阿维菌素,包括阿维虫清、阿巴丁、海正灭虫乳油等,每次也只用1种。多氧霉素专用防治黑斑病。

2. 灭幼脲3号、氯氰菊酯、杀螟松、乐斯本等每次只用1种。

3. 粉锈灵为治锈病专用药。

4. 防治梨木虱用药:海正灭虫乳油、阿巴丁、阿维虫清、高渗克虱灵。

5. 梨虫净、胺氯菊酯、虫螨净对梨木虱若虫防治效果好(有黏液时用),严格按农药安全使用规程使用。

参 考 文 献

1. 刘志民,王有年,张鹏.梨树三高栽培技术. 北京:中国农业大学出版社,1997.
2. 周翔陆.梨优质丰产关键技术.北京:中国农业出版社,1997.
3. 徐宏汉.南方梨优良品种与优质高效栽培.北京:中国农业出版社,2001.
4. 潘东明,宋秀高.果树高效生产技术.福州:福建科学技术出版社,2001.
5. 殷华林.林果生产技术.北京:高等教育出版社,2002.

图书在版编目(CIP)数据

南方梨优质生产技术/农业部农民科技教育培训中心,中央农业广播电视学校组编. —北京:中国农业大学出版社,2008.5

(新型农民培训丛书)

ISBN 978-7-81117-455-7

Ⅰ.南… Ⅱ.①农… ②中… Ⅲ.梨-果树园艺 Ⅳ.S661.2

中国版本图书馆 CIP 数据核字(2008)第 049070 号

书　　名 南方梨优质生产技术

作　　者 农业部农民科技教育培训中心
中央农业广播电视学校 组编

策划编辑 汪春林　高　欣　　**责任编辑** 孙　勇

封面设计 郑　川　　**责任校对** 王晓凤

出版发行 中国农业大学出版社

社　　址 北京市海淀区圆明园西路 2 号　**邮政编码** 100193

电　　话 发行部 010-62731190,2620　读者服务部 010-62732336

编辑部 010-62732617,2618　出　版　部 010-62733440

网　　址 http://www.cau.edu.cn/caup　**e-mail** cbsszs@cau.edu.cn

经　　销 新华书店

印　　刷 北京鑫丰华彩印有限公司

版　　次 2008 年 5 月第 1 版　2009 年 11 月第 3 次印刷

规　　格 850×1 168　32 开本　3.375 印张　82 千字

定　　价 5.80 元

凡本版教材出现印刷、装订错误,请向中央农业广播电视学校教材处调换

联系地址:北京市朝阳区来广营甲 1 号;电话:010-84904997;邮编:100012

网址:www.ngx.net.cn